给亲爱的你

老天给的，就是你要的，
这是真正的心想事成！！

♡

德芬

生命是舞者，我们是舞步。

我们和生命共同创造我们的人生。

尽力做好自己分内的事,

剩下的就交给老天,如是而已。

遇见心想事成的自己

张德芬 / 著

湖南文艺出版社
HUNAN LITERATURE AND ART PUBLISHING HOUSE

博集天卷
CS-BOOKY

目录
Contents

第一部
学习心想事成的秘密
接受宇宙的讯息，达到心想事成

> 在这个世界上，我们眼睛看不见的东西，威力其实
> 远胜过看得见的东西。

> 心想事成的第一步就是清楚地知道自己到底想
> 要什么。

> 一定要把注意力和焦点放在自己要的东西上，而且
> 是正面的方向上。

> 如果你认为，你要的东西非到手不可，其实你是在推开这个东西。

第二部
秘密后的秘密
经由喜悦的旅程到达喜悦的终点

> 我们想要的东西，最终可能变成我们想象不到的痛苦，或是，从一个更长远的角度来看，它未必适合我们。

给读者的一封信

　　"心想事成"一直是大家关心的话题，我自己其实对它有很多的体悟和经验。

　　从小，我就很喜欢梦想，在寂寞的童年，我时常一个人望着天空发呆，幻想着种种的未来，把每个细节，甚至事情发生之后的感受，都在童年的青草地上身临其境地去体验。

　　而我也是一个剑及履及、说到一定做到的人。做任何事情，我都一定会设下一个目标，然后勇往直前地迈进，十之八九都会成功。当然，这是因为除了做白日梦的能力（也就是观想能力）特别高之外，我的执行能力也很强。所以，虽然小时候家境不富有，但我几乎是要什么就可以得到什么。

　　后来接触灵修，了解了所谓显化（创造）的秘密，才知道我从小就开始玩儿这个游戏了。现在知道了原理，当然玩儿得更高端。有一次回台湾，坐在出租车中，看到外面是台北夏日午后典型的大雷雨，人一下车冲进骑楼的这当中，就一定会淋成落汤鸡。我当时发念，让大雨在我下车时停一下，别让我淋湿了。我闭起眼睛，集中心力，发射命令，

遇见心想事成的自己

等到我下车时，雨滴真的变得稀疏了，我安然到了朋友家，回头一看，窗外又是倾盆大雨。

几年前我曾经写下来五个秘密心愿，认真地发愿了几次，两年之内这五个心愿全都实现了。但是，就像我在本书中指出的心想事成的陷阱，有些愿望实现后，其实不是我真正想要的，或是以一种可笑的方式应验。另外就是，我付出不小的代价。如果我知道自己要付出这么大的代价，我当初是否还是要发那样愿望呢？我可能会三思而行了！

另外一次体验到心想事成的陷阱，是在台中参加内观禅修的时候。当时我是第二次去参加内观，心里想应该没问题，可以熬过去。但是第一天我就后悔了，天天吵着要走。内观中心有很严格的规定，是不让参加者来去自如的，我多次申请无效，就又使出心想事成的观想绝招啦！我集中精神，发挥所有脑力，告诉自己："我明天一定会离开这里！一定会离开这里！"结果第二天我真的离开了，因为腹痛如绞，回到台北诊断出是盲肠破裂，开了一个大刀，休养了好一阵子。

所以，我忍不住要写本书和大家分享我关于心想事成的体悟和心得，特别是心想事成的陷阱和代价，不得不小心。有一个朋友看了《秘密》这本书之后，很有信心地发愿要自己进账两千万新台币。她信心满满地告诉我，她几乎可以"闻到"钱的味道。后来她回家探望正要外出旅游的爸爸妈妈，老人家不经意地提到"旅游保险金两千万"，吓得她当场收回发愿，这种两千万不要也罢！

除了要注意你会付出的代价之外，同时我也很想告诉大家，光靠"补"——告诉自己你很棒，而且事情会非常顺利成功，只是做到了心想事成一半的工夫。真正心想事成的境地，应该是在处理了自己的人生模式、知道自己真心向往的是什么，而且对治了阻挠的信念，连接上你的源头之后，自然而然发生的状态。

同时，心想事成只是修行的一个工具和阶段，并不是我们追求的最终状态。对于初入灵修殿堂的人来说，心想事成是极具吸引力的，但是当意识层次提升到了一定境界的时候，我们应该知道，随顺生命之流，臣服于宇宙能量的运作方式，应该是较为理想的状态。这个工具，最终会把我们带回到我们的源头，在那里，我们本自具足，不需外求了。如果宇宙给你的，就是你想要的，那么你想要的就会不断地发生在你的周遭，因为你已经和宇宙同频共振了！

就我个人而言，我现在几乎完全不玩儿心想事成的游戏了。我每天会做的，是去看今天又有哪些负面情绪升起，对应于我的哪一个模式，或是察觉最近我哪一个人生模式特别"嚣张"，然后我会写下来《遇见未知的自己》当中教大家做的解除模式的宣言：我看见我有负面的感受，我愿意接纳它，并且放下对它的需要。当然，本书第二部最后所提供的那些解除人生模式的方法，我也是身体力行的。此外，与身体的联结，对情绪的臣服，定静自己的思想，看到小我的认同，这些每日必修的功课，我仍是力行不辍的。

现在我当然还是会祈祷，尤其是如果有特别渴望某件事情要怎样发展时，我会这样祷告："亲爱的宇宙啊！我很希望＿＿＿＿＿＿＿，因为＿＿＿＿＿＿＿＿，谢谢你帮助我，但是照你的意思，不要照我的意思。"耶稣就曾经对天父做过这样的祷告（父啊！在你凡事都能，求你将这杯撤去。然而不要从我的意思，只要从你的意思）。

这种祈祷，是谦卑的，是臣服的。毕竟生命是让我们来体验的，让我们在种种试炼当中，仍然能够表达我们来到这个世界的目的——彰显宇宙。如果我们总是要这个世界上的人、事、物，完全符合我们心想事成的要求的话，好像失去了我们最初的使命和目的了。

但是我也相信，实现自己的梦想，也是我们表达宇宙生命的一种方式。书中提的种种方法，都是有用的工具，帮助读者们成就自己的梦想。但是到了某一个境界之后，我希望读者还是能够清楚地看到：生命是如此巨大的一条河流，我们要做的，是在生命之河中愉快徜徉，顺流而行，而不是辛苦地用各种手段要求河流以我们想要的方式流动。

最后，以一句我很喜欢的话与大家共勉：

你不可能经由一个没有喜悦的旅程，到达一个喜悦的终点。不管此刻在人世间，你追求的是什么，希望你能记得这句话，在过程中保持喜悦的心，那么你心所向往的东西，就会毫不费力地来到你的生命中。

德芬

在爱和光中

新版序
你绝对可以掌握自己的命运

2007年，我的第一本灵性小说《遇见未知的自己》在海峡两岸出版了，我在书中真诚地分享了自己多年来灵修的心路历程，读者的反应十分热烈，让我极其感动。眼见这么多人，在生命的某个阶段，因为读了这本书，而有了这么大的启发和改变，在我心中，其实有更多的感恩。

很多读者读了《遇见未知的自己》之后，会问我："好啊，我看到了我的人生模式，我有很多负面情绪的困扰，以前看不到，但读了你的书以后，我终于愿意，也能够去看见了。那下一步呢？看见了又怎么样呢？"虽然在第一本书中我也指出了很多对治的方法，可是显然还是不能满足各类读者不同的人生信念和"情绪上瘾症"的需要，于是，本书的第二部分"秘密后的秘密"，就是专门在分析、探讨我们人生模式的成因，还有几种特别有效的对治方式。

我一直认为，"心想事成"应该是每个人与生俱来的本事。但

遇见心想事成的自己

是，为什么那么多人心想事不成，甚至事与愿违呢？这是因为两层重大的障碍。

第一层障碍是，从小到大，没有人告诉我们应该如何梦想，或是鼓励我们去让梦想成真。一般的教育，都是注重于外在的一步一脚印的扎实功夫，不可以好高骛远。当然，脚踏实地是一点也没错的，关键就在于，我们忽视了心灵的力量，也忽视了这个有形世界其实是受无形世界操控的！

第二层障碍是，我们不但没有养成培育自己内在世界的习惯，而且还充塞了很多错误的信念在我们的潜意识中。这些错误的信念就像一个自动导航系统，在潜意识的层面掌管我们的人生，所以，表意识上的发愿、立志，根本就没有用！

多年前，英国有一个马戏团失火，烧死了几头大象。后来收拾善后的时候，有人发现，那些大象只是被一根细绳栓在一根细的木杆上面，但是它们只能眼睁睁地看着火苗上身，也不会迈出一步。这个惨剧发人深省，至少，让我非常感慨。因为，就某种程度和某些方面来说，我们无异于这些从小就被细绳给制约住的大象。

打从童年起，我们在周围的环境，包括街坊邻居、父母亲友、老师同学当中，吸取了很多资讯和看法，有些当时对我们是有帮助的，有些是无用的（或是说是错的），由于从小它们就深埋在我们的潜意识中，已经变成了所谓的信念。我们从来没有去检视它们的有效性和真实性，因此，一直无意识地受到它们操控，进而影响了我们一生。

最近国外很流行"心想事成的秘密"和"吸引力法则"这些话题，教大家如何去成就自己的梦想。国内也出版了很多类似的书籍，都谈到了一些学校教育遗漏忽略的东西：每个人都有梦想的权利。书中也传达了很多秘诀、方法，帮助大家发愿、观想，然后实现理想。

这些书籍处理了我说的第一大障碍，但是从我自己亲身经历的一些体验来说，觉得应该再补充一些重点。这些书忽略了关于心想事成要注意的一些细节和陷阱，另外，关于第二大障碍——化解人生模式的议题，这些书也只是蜻蜓点水地带过。如果光是去观想正面的东西，而不先清除自己内在的垃圾的话，效果可能有限。对我而言，解除自己人生的模式，反而是心想事成最重要的一个关键。这就说明了为什么一般所谓的心想事成的技巧，有的时候会成功（虽然概率不大），有的时候却成功不了。

在本书的"缘起"中，我以一个天方夜谭似的童话作为全书故事的情节和架构的基础，引出了一个平民百姓阿南寻找人生秘密的故事。

而在第一部"学习心想事成的秘密"中，我把最近几年出版的有

遇见心想事成的自己

关心想事成这个话题的各类书籍作了一个总整理，用趣味性、故事性的方式表达出来，并且补充了很多心想事成步骤当中应该注意的细节，以帮助有心的读者学习到比较完整的发愿、梦想的功夫。

第二部"秘密后的秘密"，除了探讨如何消除从小制约我们的各种模式之外，我也谈到了心想事成的一些陷阱，很多都是我亲身经历的（请看"给读者的一封信"），想要玩儿"心想事成"这个游戏的读者，必须要了解这些游戏规则。

这本书出版时，我特别加订了一个"心想事成30天实践计划"，根据我自己实际的体验，提供了心想事成的具体实践方法和指南，一步一步带领大家找出自己真心想要的梦想，并且挖掘出自己人生中限制性的信念和模式。我也举出了几个实际的生活实例，方便大家"对号入座"，找出阻碍自己实现梦想的真正原因。

本书除了供个人发愿、实践以外，也特别适合职场人士针对自己工作上的困境来发出改变的心愿，从而由内而外地塑造自己想要的职场环境和工作成果。当然，如果能够由一个团体来共同成就一个集体的愿望，愿力则更加地强大，实践的速度也会快很多。

与此同时，你必须知道自己真心想要什么，并且设定"意图"，进而发愿，这也是无比重要的。就像船在海上行驶，有了意图就有了方向，也有了动力，而人生信念和模式就像缠住船身的水草，必须加以清除。建议团体发愿、实践的时候，可以设立一个共同意愿，然后各人针对自己特有的限制性信念做"清除"的工作，这样，这艘船的动力会无比强大，很快就能够看出成果。

最后，我以最大的愿心，祝福大家能够心想事成，得到幸福快乐的人生！

P.S.当你梦想实现的时候，别忘了和我分享你的喜悦。
内在空间：http://www.innerspace.com.cn/f/index
德芬的博客：http://blog.sina.com.cn/tiffanychang
德芬的微博：http://weibo.com/u/1759168351

遇见心想事成的自己

我们每个人的人生模式都是经过长年累月的习惯养成的，每天我们在不知不觉中按照它的方式过生活。

从一个遥远的故事说起

遇 见 心 想 事 成 的 自 己

Meet Your Manitesting Self

天刚微微亮的时候，22岁的农夫阿南就在山城国山脚下的一块田里干起活来。他看着自己费心栽种的山蘑菇，不由得摇头叹息。阿南的父亲在两年前过世了，现在家里就剩阿南和妈妈、姐姐相依为命。从两年前开始，为了增加家里的收入，阿南改变了父亲以前只栽种大米的方式，一直试着在自家田中栽种一些经济效益高的农作物，但是却屡屡失败。这次的山蘑菇，一个个看起来短小精干，但却并不是市场热销的高大粗壮的蘑菇品种，眼看这一年的收成又卖不到好价钱了。

　　阿南看着远方升起的朝阳，映照着春意盎然的田野，隔壁大婶的话此刻在耳际回响："你看看人家阿信，买卖做得多好，挣了不少钱哪！就连你家对面的大春，人家的田里可是种什么就大卖什么，你啊！"从小看阿南长大的大婶眼里流露出失望和怜悯，"就跟你爸一个样儿，不是种田的料！"

　　"那我还可以做什么呢？终其一生就守着这块田吗？"阿南觉得心中特别郁闷，但又好像有什么东西在蠢蠢欲动。正在纳闷时，村里的一群哥们儿呼啸而过，看到阿南，他们不由分说地扯着他就往前走。阿南奇怪今天这伙人怎么会起得这么早，只听见大春吆喝着："走吧！走吧！公主招亲，咱们碰个运气，看谁有这个艳福！"阿南心一动，不觉地就跟着大伙往皇宫走去。

　　这时曙光乍露，但宫廷广场前已经挤满了黑压压的人群。这次公主的公开招亲史无前例地来得突然，但又未说明到底是采用什么方式，

遇见心想事成的自己

所以大家都是一头雾水。阿南一伙人好不容易窜到了最前头。他们和其他人一样，引颈盼望着公主出现。

据说月叶公主有天仙般的容貌，在她的眉梢上，有一小片和蔷薇花瓣形状、颜色都相近的胎记，让人悠然神往。可是全国还真没几个人有幸亲睹她的风采。

这时，广场的群众突然间安静了下来，艳光四射的月叶公主翩然地出现在楼台上。

公主清澈美丽的眼睛横扫广场一周，缓缓开口，声音清脆好听，如黄莺出谷："几个月前，有人上供一只会说话的鸟儿给我玩赏。这只鸟儿说：'在大山之西，碧海之东的遥远的地方，有一个神秘国。这个国家的人们保存着一个镇国之宝，传说得到这个宝贝的人，就会拥有真正永恒的幸福。'所以，"公主停顿了一下，看着广场上的人们，"这次招亲的条件就是：谁能找到这个秘密之宝，并且把它带回山城国来，我就嫁给他。但是你们只有一年的时间去完成任务。"说罢，公主头也不回地走了。

广场上原本安静无比的群众，一下子炸开了锅，七嘴八舌，议论纷纷。阿南这时候就像做梦一样失了神，他的心思早已经跟着公主进了后宫，去往云深不知处的地方……

"啊！美丽的公主，要我为你做什么都可以……"阿南这颗少男之心，早已唱起了美丽的情歌。

"喂，阿南，发什么呆呀，还不回家种田去！"旁边的哥们儿狠狠地拍了阿南脑袋一下，才唤醒了兀自做着美梦的他。

山城国内，全国的年轻人都蠢蠢欲动准备出发。这个追逐宝藏的远行，让整个山城王国笼罩在离别的气氛里。阿南的几个哥们儿发现，平时最脚踏实地的阿南，这次居然也要加入长途跋涉的队伍，去寻找一个虚幻不实的宝藏。

"你没搞错吧？"阿南的大姐关心地问。

"我会把秘密找回来的！"平时沉默寡言的阿南，这时却有着无比坚定的信心和勇气。

妈妈看阿南去意已坚，拿出来一件压箱底的传家之宝——项链，上面有个玉石雕刻的蝉："这是你爸爸留给你的遗物，本来是要等你结婚时给你的。你现在就先戴着，不管遇到什么困难，记住你爸爸的话——遇到事情要沉着定静。"

翌日，天还没亮，出发探险的人们就已经迫不及待地齐聚在西城门外，鸡一报晓后就立刻动身了。

一大群人走走停停，只见一路上植物愈来愈稀少，土地愈来愈贫瘠，最后竟然走到了放眼望去一望无际的沙漠。大家的干粮吃得差不多了，水也一路耗尽，很多人忍不住开始抱怨："什么东西？什么神秘国？老子这条命都要赔上了！""就是嘛，这样走，要走到什么时候，我真的受不了啦！"随着众人的咒骂声，远方地平线上居然出现了一些

东西，但远远望去，却看不出来是什么。

　　前方的未知，激起了众人的兴趣，大家加快脚步向前，很快到了那一堆物体的所在地。大家都吓呆了。显然这是一个骆驼商队集体死亡之后遗留下来的残迹——累累白骨间，数不尽的金银财宝、绫罗绸缎散在地上、埋在沙里。很多人立刻扑上去，将大把大把的财宝揣在自己的兜里。阿南的几个哥儿们也忍不住要开始行动，被阿南制止了："这是不属于我们的财宝，不可以拿的！"有些人听了阿南的话，迟疑了一下，可有些人管不了那么多，嘴里喊着："不拿白不拿，你这个笨蛋！"就立刻下去抢夺。说时迟，那时快，那些抓了珠宝的人突然开始在地上打滚，好像财宝上沾了剧毒似的。

　　阿南吓呆了，想上前相救，但又不敢，有几个动作慢还没来得及夺宝的人，拉着阿南逃离了现场。大伙儿一路向西狂奔。好不容易来到了沙漠边的一处绿洲，这儿有不少果树，长着累累的果实，可以喂饱这些又渴又饥的人。众人惊魂甫定，扎营过夜。阿南看整支队伍从出发的几百人，现在只剩下几十个人了，不由得心里难受。

　　第二天清晨，大家走出沙漠继续赶路，虽然一路都有花果绿树，可是温度却愈来愈低。有些人冻得受不了了，又开始埋怨："还要走多久呀？值不值得这样做呢？"有些脆弱一点的男子，甚至开始哭泣："我要回家！我不要找什么秘密之宝了！谁稀罕娶那个公主呀！"还有人抱怨："光听一只笨鸟说的话，就要我们冒这么大的生命危险，太不值得了！"

阿南忙着安抚大家，其实心里也是七上八下。走入深山的时候，大家开始听到远远传来的狼嗥声。在一个山窝转弯儿处的时候，一群黑压压的狼把大伙儿团团围住，大家吓得屁滚尿流，有些人开始抓狂了想往外跑，但转眼就被狼群吞食，情况实在危急。

阿南突然想起父亲生前的叮咛，遇到紧急事情的时候，一定要保持定静。他拿起了胸口的项链，告诉自己："定静！定静！"在一团混乱之中，阿南选择坐了下来，闭目观心，与外在的嘈杂和遭遇完全隔绝。这时候，天开始下雪了，愈下愈大，把阿南层层包住，直到他变成了一个雪人。

阿南从昏迷中醒来的时候，一个十七八岁的小姑娘正在照看屋里燃烧着的柴火。一看到阿南醒来，就大喊道："爹爹、爹爹，他醒了！"只见一旁奔来一位大叔，满脸的胡须，以关心、和善的眼神看着阿南。

阿南哑着嗓子问："我的同伴呢？"

小姑娘说："你的同伴都被狼吃啦！我们看到你的时候，你像个雪人似的坐在那里，还以为你是假人呢！"

阿南心头一紧，眼泪差点儿就要掉下来。失去了伙伴，对心地善良的阿南来说，比达不成任务还让他痛苦。但他还是不忘自己此行的任务，又问："你们听说过神秘国吗？"

遇见心想事成的自己

我们的头脑是制造戏码和编剧的高手。真正的自由就是你能够理解到，你不必听信你脑袋里的那个声音。想思考的时候就思考，想停下来的时候就停下来。

大叔摇摇头，小姑娘也好奇地撇着头看他。

"哦！"阿南失望地闭上眼睛，看来还是没到达目的地。

经过几天的休养，阿南觉得好多了。他勉强下了床，就准备向小姑娘阿娇和大叔告谢辞别。

阿娇着急地想留人，急中生智，突然说："那你也看完了今晚我们一年一度的'心想事成大赛'再走！"

阿南听了心头一震，连忙问："心想事成，那是什么？"阿娇一撇嘴，不知如何回答。

大叔倒是答话了："'心想事成'是我们的太后两年前开始教导全国人民的一种心法。"大叔愈讲愈兴奋，"基本上，你学会它以后，就万事亨通，想要什么就有什么！"

阿南一听，心里立刻暗想"难道就是这个？这就是公主说的秘密之宝"？连忙问道："你们国家叫什么名字？"

大叔不知所以地回答："甚美国！"

"啊！"阿南恍然大悟，就是这儿了！找到了！鸟儿口齿不清，把"甚美国"讲成"神秘国"，这个国家有个镇国之宝的秘密倒是没有错的！

阿南兴奋地问道："你说的这个'心想事成的秘密'，究竟是什么？"

大叔开始有点警觉，谨慎地回答："很抱歉，太后有令，这个秘

密不能外传，除非你面见太后，亲自去求她。我们太后很慈悲的，她可能会答应你的请求也说不定呢！"

"那什么时候可以见到太后呢？"

"嗯，"大叔沉吟着，"在今晚比赛的会场可能会有见到太后的机会，我还有一个女儿，她是太后很宠幸的宫女，我帮你捎个信儿让她通报一下，可是太后怎么肯随便见你呢？"

阿南低头想了一下，突然灵光一现："你就告诉太后，贵国的秘密已经由一只鸟儿传到了遥远的山城国，有人想要把详情禀告太后。"

大叔一拍腿："好！就这么说！"

太阳渐渐下山了，人群慢慢在城中心的四方街聚集。阿南、阿娇和大叔三人也缓步向城中走去。一路上，阿南常常看到人们面带微笑，坐在地上闭目养神。他感觉这个国家的人民看来都很知足，但是街上的商店却很少开着，人们走在路上也都懒洋洋的，给人一种萧条、低沉的感觉，和阿南自己的国家山城国相比，好比一个是朝日，一个是夕阳。

三人来到了四方街，看到这儿已经搭上了一个高台，台上放了一张长桌，参赛的三位人士都已经就座入位，等待宣布开赛。

一切准备就绪了，一名长相威严的男子此时大声宣布："甚美国一年一度的'心想事成大赛'就要开始啦！首先，请参赛者观想出一颗金色的圆球，上面要有七彩的光芒！"

阿南小声问大叔："这是在干吗？"

大叔神秘地笑笑说："这些人心想事成的能力已经练到炉火纯青的地步，所以可以把思想、意念幻化成物质。"

只见三位参赛者闭目沉思，可以感觉得出来他们都是全神贯注、全力以赴。

不久，三人各自的桌前，都逐渐浮现出一个金色的光球，但大小不一，色彩也不一致。

台下的观众爆出了热烈的喝彩，一个个都是又羡慕又崇拜的表情。一旁有人拿着三个人的作品到后面给太后检视，决定哪一位"想出来"的金球最棒！

这时候，有名男子走到大叔旁边，使了个眼色，悄悄说了几句话。大叔点点头，转过头来，喜滋滋地告诉阿南："走！太后愿意见你了！"

那名男子领着三人进屋，让大叔和阿娇在中心的庭院等着，把阿南带到了东边的一间屋子里。

不一会儿，阿南看见门外走来了一位仪态万千、相貌庄严的女子，屋内的侍从及宫女都立刻下跪请安："太后好！"阿南也急忙低头下跪。待太后坐定了，阿南才敢抬起头来。只见太后脸上罩着薄纱，看不清长相。"听说山城国知道了我们国家的秘密？你们都知道了什么？"太后开门见山地问，声音冷酷而僵硬。

阿南老实地把事情的经过从头到尾交代清楚，还忍不住强调：

"我们的公主美若天仙，她的眉梢上，有一小片和蔷薇花瓣形状、颜色都相近的胎记，更是令人向往……"

"啊！"太后听了大吃一惊，然后低头不语，许久之后，她抬起头来厉声地说，"我们国家的秘密是绝对不可以外传的！"阿南掩不住满脸失望的神色而低下头来，"但是如果你答应我一个条件，我就传授你'心想事成'的秘诀！"

阿南又惊又喜，不知道太后葫芦里卖的是什么药。"你回山城国去，把你们的公主带回来，我就将我们的秘密倾囊相授于你。"阿南一听，觉得事有蹊跷，只得回答说："我请求您先教我'心想事成的秘密'，这样我才能取信于公主，而让她随我前来。"

太后心头一紧，说："先教你？那你学会了以后还会回来吗？你以为我有那么傻吗？"

阿南试探地问："那您至少先让我学习一段时间，我才能取信于公主，带她过来呀！"

太后又低头沉思，然后下定决心地抬起头来："好！我答应你！"

"还有……"阿南不死心地请求："我需要知道您为什么要我带公主来，要不然，身为我国国民，我不能让公主随便冒险。"

太后严厉地盯着阿南半晌，最后终于叹口气，解下了脸上的面纱。

"啊！"阿南惊呼，原来太后的眉梢上，有一块胎记，和公主传说中的胎记一模一样！他诧异地看着太后。太后点点头："是的，她是我失散了二十年的女儿！请求你把她带回来。"太后已经开始哽咽了，"我会让你到我国教授'心想事成'秘诀的'神秘学院'进行学习。然后提供飞天宝马和两件宝物给你，帮助你达成任务。"

阿南跪地感谢太后，并保证："我一定会把公主带来见您的，请放心！"

遇见心想事成的自己

真正把你想要的东西带到你身边的，是宇宙的力量。在适当的时机，你必须放手，让它接管。你要留心宇宙给你的讯号，然后抓住它为你带来的每一个机会。

第一部

学习心想事成的秘密

接收宇宙的讯息，达到心想事成

遇 见 心 想 事 成 的 自 己
Meet Your Manifesting Self

01

神秘学院的炼金师

主宰一切的无形世界

> 当你想拯救一个人的时候（在能量上），请一定要先回头看看自己内在有没有想要拯救的那个部分。先把自己内在的那个部分安抚、照顾好了，再去当拯救者吧。

阿南辞别了阿娇、大叔，拿着简单的行李，到神秘学院去报到。兴奋之余，他不免有些忐忑不安。原来月叶公主不是国王的亲生女儿，国王知道吗？月叶公主肯定不知道，知道了以后她会怎么样呢？太后是如何在二十年前失去公主的？为什么这么多年都找不回自己的女儿？阿南总觉得不太对，但是又说不出来到底问题在哪里。一路想着，已经来到了神秘学院的门口。

阿南以为神秘学院会像个魔法学校，不但建筑奇特而且布置得神秘兮兮的。但走到门口一看，却只是很稀松平常的一栋两层楼房子，一楼是个大厅，二楼是住宿的地方，简单平凡。大门口有名小厮接待阿南进入学校，领他找到了自己的床位，然后示意他到楼下大厅集合。

阿南进入大厅，看到厅内已经有几十个学生在聊天说笑，看来彼

此非常熟悉。阿南一走进去，大家突然安静下来，几个学生开始窃窃私语，有些眼光不是特别友善，带着嘲弄的意味。能进神秘学院的都是甚美国的贵族，阿南是个异乡人，又是土头土脑的平民，当然受人注目。阿南不好意思地低下头来，避开众人的目光。

有个脸圆圆、梳着两条小辫子的女孩，和善地过来和阿南打招呼："你是阿南吧？我是阿秀，你的同学。"阿秀大大的眼睛笑起来弯成半月的弧线，煞是好看，嘴角还有个小梨涡。阿南不由得看呆了，不知如何回话。阿秀看看他，又笑了起来，拉着阿南到前面的位子坐下。阿南红着脸抽回阿秀牵着的手，坐定之后，这才开始打量这个大厅。

大厅的周围有很多植物，排列得相当整齐，有的植物长得非常茂盛，有些却几近枯萎，却还是并排放着。另外，大厅的一角摆放了很多奇怪的仪器、用具，阿南从来没有看过这些东西，也不知道它们的用途。总之，这个地方的气氛和布置都有点奇怪。正在纳闷着，台上突然出现了一位穿着黑袍的炼金师。他犀利威严的目光一扫全场，整个大厅就变得鸦雀无声。

炼金师举起双手，两只大袖子也随之扬起："欢迎你们来到神秘学院！"声音洪亮有力，感觉他的尾音还在大厅中萦绕了好些时候才消逝。阿南偷瞄坐在旁边的阿秀，只见她俏丽的脸上流露出严肃而崇拜的表情，好像被台上的炼金师催眠了一样。

"我是神秘学院的负责人，这里每一期的学生都是由我来教授。"炼金师如电光般的眼神又扫描了全场一遍,到了阿南这里,停留了一下,"你们可以称我为炼金师,因为,我在这里要教你们的,就是心想事成的炼金术!"

台下起了些微的骚动,毕竟炼金术和心想事成都是人人梦寐以求的啊,全场的人都流露出按捺不住的兴奋之情。

炼金师再度举起双手示意大家安静,然后宣布:"我们的课程为期两周,最后会有一个很大的考验。通过考验的人,就可以获得最终的秘密,并且得到神秘学院的结业证书和勋章。"看到同学们已经开始摩拳擦掌,迫不及待地要争取成功,原本心情沉重的阿南也不由得兴奋起来。

"在神秘学院的这几天,我要求你们在这里做最好的自己,拿出你最好的态度、最好的特质、最好的能量,做最好的参与。"炼金师语重心长地看着大家,"这样,你们才能把这里学到的东西,带回到你的日常生活,并充分发挥出来!"

台下立刻响起热烈的掌声作为回应。

炼金师看看大家,又开口说道:"我们这个世界有很多自然法则,像这块石头,"说着,他举起了一块小石头,手松开,石头落地,"我手放开,它就一定会坠落地面,像太阳早上升起,晚上落下,还有季节的更替,这些都是不变的自然法则,铁的定律。另外,"炼金师加重了语气,"还有一个重要的自然法则就是,"他指指身边离他最近的一棵树,"如果你对这棵树结的果子不满意,你会怎么做?"

外在有形的世界，是由内在无形的世界
掌控的。在这个世界上，我们眼睛看不见的
东西，威力其实远胜过看得见的东西。

　　同学们七嘴八舌地开始议论，有的说水浇得不对，阳光给得不
足，土壤可能不对，也有的说根部可能有毛病。

　　炼金师锐利的目光嘉许地看着大家，点点头："没错，你们刚才
举出了种种原因，什么阳光、水分、土壤和根部的问题，但是大家有没
有注意到，这些全是无形的？"

　　全班都有些困惑，这些都是我们看得见的啊，怎么是无形的？

　　炼金师解释："虽然我们看得见它们，但是它们对树的作用过程

是无形的。你看得见树如何吸收阳光和水分吗？你看得见土壤是如何影响树的根部吗？"

大家很有默契地摇摇头。

炼金师一拍手，吓了大家一跳："那就对了！我要谈的这个重要法则就是：外在有形的世界，是由内在无形的世界掌控的。"接着他解释，在这个世界上，我们眼睛看不见的东西，威力其实远胜过看得见的东西。他说："如果不承认这个原则，你一定会吃亏，因为你违反了自然定律。我们人也是大自然的一部分，就像树木一样，我们的根源，就在我们的内在世界。"

"所以，"炼金师语重心长地说，"我们今天想要学习'心想事成的秘密'，首先就要知道，为什么我们得不到自己想要的东西？为什么那么多人辛苦干活、打拼，却还是无法成就他们的愿望和梦想？"全班鸦雀无声，炼金师的话打入了每个人的心坎儿里。

"因为，我们的行为和思想都只专注在表面——只去看我们看得见的东西，只活在肉眼可见的世界里，而不去关注那个主宰一切的无形世界。"

那么，究竟什么是无形的世界呢？炼金师卖了个关子，让大家回去好好想想。

遇见心想事成的自己

02

万事万物的振动频率
无形影响有形的法则

通往地狱的道路是期望铺成的。我们整天庸庸碌碌、费尽心思地去改变外在的人、事、物，好让它们符合我们的期望，难怪会如此疲倦而且气馁。殊不知我们需要管理和改变的是我们的期望，这比和外在的人、事、物较劲儿来得容易多了。

第二天一早，大家都集合在大厅，热烈地讨论炼金师说的无形世界是什么。既然是眼睛看不见的，那就应该是我们的心智、情绪、思想等这一类的吧。为什么这个有形世界是由无形世界来掌管的呢？大家百思而不得其解。

有个壮丁阿勇觉得，照理说，是我们的行为在主宰这个世界的，要不然房子是怎么建造成的？田地是谁耕种的？但是阿秀不以为然，旁边另一个秀外慧中的姑娘阿娥也说："我们的行为是内在的思想、性格所产生的呀！"

阿南一听，觉得很有道理，也接口说："对呀！我们的行为只是连接内在世界和外在世界的桥梁吧！"

阿勇不愿在两个美丽的姑娘面前服输，正想辩驳，炼金师进来了。

他一句话也没说，拿起一支大毛笔，就在墙上贴的大字报上画图，并且写上几个字。他的字苍劲有力，有如他的话语般有分量。

世界是由无形和有形的层面组合而成的。

心灵层面　物质层面　心理层面

"物质层面，"炼金师指着图上中间的那块饼，"只是心灵层面和心理层面运作的结果而已。而心理层面是什么呢？"他看看学生们。

"是指我们的心思、情感、想法这些内在发生的东西吧？"阿秀举手谨慎地回答。

"很好，"炼金师满意地看着阿秀，"但是我们的内在还不仅止于此吧！"他指指心灵层面的那块饼。

全班你看我，我看你，谁也接不上话。

炼金师笑笑，带着谅解的笑容继续解释："心灵层面，就是让心

遇见心想事成的自己

理层面得以存在的空间，它不会随着你的肉体死亡而消失。它经由心理层面，而显化到了物质层面。"看学生们满头雾水，炼金师适可而止，接着说，"以后你们慢慢体会就会明白了。现在你们只要知道，无形的层面对有形的层面有无远弗届的影响就够了！"

学生们松了一口气。

"现在，"炼金师说，"让我们来看看，无形世界是如何影响有形世界的。"说完，他转身在大字报上写下了一个公式：

思想 ┈▶ 情绪 ┈▶ 行动 ┈▶ 结果

炼金师以鼓励的眼神让大家发言。

阿娥说："我们的所思所想，也就是我们看事情的角度，会影响我们的感觉，也因此产生相对应的情绪。"

阿秀接着说："情绪是我们行动的原动力，决定我们采取什么方式来应对当时的情况。当然，你的行为就会造成一些后果，行为就是连接内在世界和外在世界的桥梁。"说到这里，阿秀娇羞地看了阿南一眼。阿南也不好意思地低下头来。阿勇在旁边露出不屑的表情。

"没错，"炼金师很满意，"这就是无形显化为有形的过程，也是我们每个人创造自己生命的过程。在神秘学院，我们会学到如何掌控这个过程，好让我们心想事成。"这时，大家立刻兴奋起来。

炼金师又郑重其事地在大字报上写下"吸引力法则"五个大字，然后正色地对大家宣布："这是我们神秘学院教导大家的最重要的一个法则，它也印证、支持了'无形影响有形'的法则。"语毕，台下的学生们不由得皱起了眉头。

"我知道你们不懂，"炼金师说，好像在回应大家的困惑，"首先我们必须了解，世上的万事万物都是由能量组合而成的，能量就是一种振动频率，每样东西都有它不同的振动频率，所以才出现了那么多不同面貌的事物，无论是像桌子、椅子等有形的物体，还是思想、情绪等无形的东西，都是由不同振动频率的能量组成的。"

看到阿南还有几个同学还是皱着眉头，炼金师继续说："不懂的话，我就来证明给大家看。"

这时候炼金师下了台，走向放了很多奇怪东西的角落。他拿起了两根L形的长铁丝，较短的那边是个手把，上面套了一个塑料管，所以铁丝较长的那边是可以自由转动的。炼金师双手拿着这一对奇怪的魔法棒，指向前方，喃喃地说："向右转，向右转。"果然两支棒子立刻向右转去。炼金师又说："分开！分开！"这时候，两支棒子就分别向左右指去。大家都睁大了眼睛看着，不知道这是什么把戏。

炼金师放下棒子，然后告诉大家："我们的意念、思想是有能量的，它们的能量振动会影响其他的东西，就像这两根铁丝棒，它的振动频率会受你思想振动频率的影响，因而产生了一定的动作。"炼金师继

遇见心想事成的自己

你就是这个世界上最强的磁铁，你的大脑会发散出比任何东西都还要强的吸力，对整个宇宙发出呼唤，把和你振动频率相同的东西吸过来！

续指着大厅两旁的树，"这些树木是你们前期同学实验的结果，那些长得茂盛浓密的，就是每天接收了很多正面的赞美和关怀的结果；而那些几近枯萎的，就是不受人理睬或是听到恶言相向之后的结果。"

"这些都是在为你们阐释，万事万物都是由不同振动频率的能量所组成，而且会互相影响，无形操控有形。现在，我来示范一下吸引力定律。"炼金师又到那个神秘角落，拿起来很多金属类的叉子，一只只大小都不同。炼金师把它们全部竖着放直了，然后敲响了其中一个音叉。音叉发出清脆的高调乐声，萦绕不散，炼金师又再轻敲一下，声音更大了。没多久，阿南听到其他的金属叉子中，有一只也发出了同样高调的乐声，两个声音互相应和，居然还有共鸣，愈来愈大声。过了一会儿，炼金师用手摸了一下两个音叉，它们的声音就戛然而止。

"这就是吸引力法则：振动频率相同的东西，会互相吸引而且引起共鸣。"炼金师简单地下了这个结论，"你就是这个世界上最强的磁铁，你这里的东西，"他指指自己的脑袋，"会发散出比任何东西都还要强的吸力，对整个宇宙发出呼唤，把和你振动频率相同的东西吸过来！"

炼金师接着就"吸引力法则"又举证了很多例子，谈到了我们个人思想和情绪对周遭人、事、物的影响，最后他宣布了这几天大家要做的功课。

遇见心想事成的自己

03

欢乐树和愁苦树

觉察自己的感受

真正的喜悦和自在来自于你和自己的负面情绪相处的
能力，以及面对自己不喜欢的人、事、物的态度，和外在
的条件没有关系。

下课的时候，阿南还是愕然地坐在原位，不知道该怎么办。旁边的阿秀拉拉阿南的袖子说："走，我们去那边看看！"

炼金师交代学生，每天上课之前和下课之后，都要到大厅最后面的三棵树那里去报到，和它们打招呼。阿南突然觉得自己都快变成神经病了，不但听了一堆奇奇怪怪的道理，而且现在还要跟树说话？

不过，阿南突然想起来，他们老家的稻田，总是比其他家的稻田来得丰收，而且稻米也大些。以前邻居老是羡慕他们的土壤较为肥沃，但是阿南想起来，自己从小就很喜欢唱歌，阿南的爸爸种田的时候也喜欢唱歌，是不是稻米听了欢乐的歌声以后，会受到它频率振动的影响而长得特别好呢？

想着想着，两人已经来到了炼金师指定的三棵树前。阿南这才注

意到，大厅周围的树，都是三棵一组聚在一块的。三棵树之中，总有一棵树长得特别好，据说这是"欢乐树"，学生们必须每天和它快乐地打招呼，说些开心或是赞美的话。而且要超过十七秒，因为炼金师说，我们全神贯注十七秒在一件事或是一种情绪上之后，振动频率才会开始作用。至于最接近枯萎的树，则是无人理睬的树，不过每天还是有人浇水施肥，而且它所接收到的阳光和其他两棵树都是一样的。

　　阿秀又碰了一下阿南，示意他可以先开始，然后她就退到一边，让阿南自己和树说话。阿南首先试着恶声恶气地跟"愁苦树"说了一些他心里的忧虑，还有想家的痛苦，说着说着自己眼泪都快掉了下来，要不是阿秀在远处观望，他都要抱着树痛哭失声了呢。过了十七秒之后，阿南觉得心里特别沉重，压得自己喘不过气来，非常难受。还好阿秀过来提醒他，该换树了，阿南才慢慢地离开愁苦树，站了好一会儿才回神过来。

　　接下来，他站在"欢乐树"前面，尽量试着想些快乐的事情，想起妈妈做的手抓饼，家里的大狗阿黄，还有美丽的月叶公主，很快地，阿南就能够对"欢乐树"描述一些让自己快乐的事情，也能赞美它，并且对它表示感激。同样的，阿南到后来也是非常进入状况，有点舍不得结束了呢！

　　阿秀在对树做同样的事情时，阿南看到有些同学已经在开始练习魔法棒了。这是今天下午的作业，炼金师规定每个同学都要试着集中意

念，让魔法棒听从自己的指挥。明天早上有个测验，就是要看看大家是否能对魔法棒控制自如。

炼金师说："思想会决定你的频率，而情绪则会告诉你，你是位于什么样的频率上。"他又说，"好的思想和正面的情绪，它们的振动频率是很高的，经由你把它们散发到宇宙之后，它们就会吸引振动频率相同的正面的人、事、物来到你的身边，反之亦然。"

那棵长得特别好的"欢乐树"，是因为一直在接收快乐的情绪；而那棵接近枯萎的树，是因为无人理睬，或者接收了太多忧虑和愁苦的情绪。

其实，阿南刚才在跟树交流的时候就已经体会到了。当他想到自己前途茫茫，不知道什么时候能够完成任务回家的时候，自己就觉得乌云压顶、沉重不堪。接着情绪就很不好，而且他感觉那个"愁苦树"好像还会回应他，让他萌生更多悲观、负面的思想。

而当他改变自己的思想，想到了一些美好的事物的时候，身体自然觉得轻盈，心情愉快，跟"欢乐树"在一起甚至有飘飘然的感觉。可是，这两棵树原来可是一模一样的啊，它的名字，还有它后来反应回来的情绪频率，可都是我们自己给它加上去的呀！想到这里，阿南好像有点搞懂了，原来我们的思想这么有力量，这么重要呀！

不过，每天在我们脑袋里的思想有那么多，我们怎么可能去一一观察它们，来决定哪个是高频率，哪个是低频率的思想呢？要是我们每天坐在那里数算哪个念头是正面的、哪个念头是负面的，那不是啥事都别做啦！阿南把这个疑问提出来，看看阿秀有没有什么想法。

阿秀刚刚做完她的三棵树的作业，听到这个问题，笑得梨涡深深的："老师说过啊，不用去管你的思想，只要去觉察你的感受就好了呀！"

"觉察自己的感受？"阿南从来没有想过要这样做。每次在某种情境下，像第一次看到月叶公主时的失神、离开母亲踏上寻宝之途的离愁、看到同侪因贪财而死亡的伤心、被狼群包围时的恐惧、找到神秘国时的兴奋，他就只是沉浸在当时的那种情绪当中，丝毫没有想过要"往内看"，去体察一下，在那一刻当中，自己内在的感受是什么？他完全

与当时的情绪认同，因而迷失了自己。

"是啊，"阿秀微笑，弯弯的眼睛闪耀出美丽的光芒，"所以，情绪，或是感受，就是我们探察自己有没有散发正面能量的最好工具！而且，"阿秀深深地看入阿南的眼睛里，"负面的感觉和负面的思想是孪生兄弟，在思想美好事物的时候，你的感觉不可能会很糟糕。同样的，你感觉良好的时候，想的不可能是负面的思想。"

阿南若有所悟地点点头。阿秀说："走，我们该去试试音叉了。"

两人准备去玩音叉，正往那里走的时候，一个高大的同学挡在阿秀面前，嬉皮笑脸地问："姑娘，你的振动频率怎么会跟这个傻小子凑到一块儿呢？应该和我阿牛共振才对啊！"旁边的阿勇也在那里叉着腰看好戏。

阿秀寒着脸，瞪了他一眼，冷冷地说："就是跟你不一样！"说完便拉着阿南往前走。

阿牛放不下面子，又再度挡在两人面前，还伸手去抓阿秀的辫子。阿秀烦了，借力使力，一个扭身就把阿牛庞大的身躯摔得老远，阿牛还以狗吃屎的姿态跌在地上，惹得其他人哈哈大笑。只有阿南惊讶地看着阿秀，不知道她这一身功夫是从何而来的。

阿秀拍拍手，看着阿南的一脸错愕，甩甩她的两条小辫子，诡谲一笑地说："我小时候就是放牛的。"

04

大自然的振动频率
秘密转移物

我们每个人心里都住着一头怪兽，这头怪兽一直在威胁着我们，所以我们只要一看到它的踪影就立刻逃之夭夭。这个怪兽就是"我不够好"的自卑情结。

阿南练习指挥魔法棒练习了很久，他发现，当他拿出自己的定静功夫，集中心力与魔法棒沟通的时候，魔法棒就特别听话。在某个状态下，他觉得自己和魔法棒好像成为一体了，魔法棒变成了他手臂的延伸，可以随意转动……等他回神过来时，周围的人早都走光了。阿南觉得很新奇，无形的内在真的可以这样指挥外在，自己从来没有尝试过。他决定到外面的河边去散散步，好好消化一下这几天学的东西。

看着波光粼粼的小河，听着远处不知名的鸟叫声，天边的晚霞散放出阿南熟悉的万丈光芒，每次他在田里干活时，都会尽情地欣赏每天黄昏的彩霞，因为他知道该回家吃饭了。此刻阿南知道自己又开始怀念家乡了。不知道妈妈、姐姐可好？家里的田地如何？自己究竟是如何变成现在这种状况的？

遇见心想事成的自己

阿南想到老师说的创造过程造就了每个人的命运。当初他看到公主，惊艳之余，根本没有多想就踏上了寻宝之途。欣赏、爱慕公主是一种情绪吧？让他采取了行动加入追逐者的行列，结果就是今天在神秘学院学习秘密，希望能以秘密换得公主的青睐，最后迎娶公主，还可以继承王位——阿南打了个哆嗦，没有！没有！我没有想这么多！到底是什么思想让我有后面这一连串的结果的？

　　阿南思索了一会儿，突然想到，他看到公主的那一刹那，的确是有一个思想，那就是：如果能娶她为妻，拥有她，那该多好啊！阿南一拍大腿，对啊！如果看到公主，只是像我看到天边的晚霞一样，欣赏、仰慕，而没有占有之心的话，就不会有后续这么多的发展。当时像鬼迷心窍一样，勇往直前，如今到了这个地步，再回头也难了！阿南不禁叹了一口气。

　　"怎么啦？不开心了？"一个温柔恬静的声音进入耳际，原来是阿秀。

　　阿南赶紧从草堆中站起来，屁股上沾了一堆杂草。

　　"你看你，弄得这么脏！"阿秀像照顾小孩一样帮阿南扫去身上的杂草，然后说，"我们去那边石头上坐吧！"

　　阿南也像个小孩一样乖乖地依言而行。

　　坐在石头上，阿秀问："想家了？"阿南低着头，不语，"那你就用我们学到的心想事成的方法来试试看，能不能让你很快回家吧！"

　　阿南一想也对啊，猛一抬头，眼里充满了希望。

　　"不过，"阿秀满脸揶揄的表情，"你得要想清楚，你来到这么远的地方，为的是什么，如果这样就回老家，岂不是……"

阿秀真的是善解人意，阿南又低下头，仔细思量。是啊！任务进行到一半，对公主有承诺，对太后也有承诺，怎么可以想要一走了之？

"老师会告诉我们，心想事成的第一步就是清楚地知道自己到底想要什么！"阿秀寓意深长地看着阿南。

阿南心一动，好奇地问："你怎么知道那么多？"

阿秀一怔，脸一红，顾左右而言他："没有啊，耳濡目染的吧！走吧！时间不早了！"

第二天再上课时，穿着打扮还是一模一样的炼金师，很严肃地让全班学生一一试过魔法棒，看看大家集中心力的功夫练习得如何。有些人很快就能指使魔法棒往各种不同的方向转，就是那个阿牛怎么样都转不动魔法棒，有的时候它还会往相反的方向移动，让全班哧哧偷笑。炼金师也没动怒，只是要阿牛再加紧练习。"任何人，"炼金师强调，"只要有信心和恒心，都可以做得到！"

接着炼金师询问大家这几天执行功课的状况。看到阿南，炼金师请他分享与树交流的经过。阿南面红耳赤，嗫嗫地大概说了一下和"愁苦树"以及"欢乐树"不同的互动经验。他承认，"愁苦树"让他进入了非常负面的状态，所以转移到"欢乐树"的时候，着实费了一番工夫才能做到心境的调整。炼金师让他停在这里，然后问他："是什么让你的心境转移的？"阿南脸更红了，支吾半天，才说："嗯，我想到我妈

遇见心想事成的自己

　　我每次感觉很不好的时候，就会到大海边上，和大海说话。它那么大，我这么小，所以我可以把所有的烦恼和不愉快都丢给它，让它为我承担。

做的抓饼，还有我家的大黄狗，嗯嗯……"公主的事他再也说不出口了，脸红得像熟透的柿子。

炼金师一拍手，大家吓了一跳，他却欢声地说："对啦！就是这个！这就是你的'秘密转移物'，虽然还有一个你没说，"炼金师居然眨了眨眼，阿南又低下了头，"不过，这就是我们每个人都需要用来转化不好的心情、不好的感觉的转移物！"

接着他让大家分享自己的"秘密转移物"，有个叫阿隆的，说他每次心情不好的时候，就去捡牛粪，愈捡就愈开心，很快就忘了自己刚才为什么不开心呢。他举的这个例子，让大家笑翻了天，比起其他人说的什么唱歌啦、和朋友聊天啦，阿隆的例子独树一帜。

阿秀这时说："我每次感觉很不好的时候，就会到大海边上，和大海说话。它那么大，我这么小，所以我可以把所有的烦恼和不愉快都丢给它，让它为我承担。"

说完，大家静默不语，觉得心有戚戚焉，只不过平时没想到而已。

"还有天空也是啊，"另外一位个子小小的女同学阿蕾也附和着，"天空那么辽阔，当我向着它打开我的心的时候，所有的烦恼都进入蓝天白云之中，不再困扰我了。"

炼金师嘉许了两位女同学，然后说："大自然的振动频率，是最接近我们本来面目的振动频率的，也就是说，它的振动频率特别高。所以，只要和大自然有回应共鸣，它就是我们最好的'秘密转移物'！"

遇见心想事成的自己

05

我正在通往成功的正途上

你到底想要什么

当你向宇宙宣布你的愿望时，你必须要非常相信你会
得到它，甚至已经得到了。所以，你要散发出去的，应该
是已经得到了你想要的东西的感觉。

接着，话锋一转，炼金师问大家："你们来到神秘学院，学了秘
密之后，想要实现什么愿望？"大家开始七嘴八舌地说，想要娶个美娇
娘、想要考个状元、想要做大买卖赚大钱等。只有阿南不敢搭腔，他怎
么说呢？想要娶公主？大家不笑死他才怪。

"好！"炼金师举手示意大家可以安静了，然后问，"谁想过，
不要娶个丑八怪？"

这时候有七八个男同学举起手来，包括阿牛。

"好！"炼金师说，"这个思想就会让你娶到丑八怪！"语毕，
全班哈哈大笑，但也有很多人不懂，等炼金师解释。

"当你想你'不要'什么的时候，你的感觉其实是负面的，而且
宇宙只接收到'丑八怪'这个讯息，"大家又笑了，"所以，你的愿望

就会被实现。"

几个刚刚举手的男同学都有点儿不好意思，阿牛更大胆地问："那怎么办？我常常这样想。"大家笑得更厉害了。

老师说："没关系，要知道，正面思想的能量胜过负面思想好几百倍，你只要从现在开始赶紧修正过来就好了。"

阿牛点点头："那以后我就想，我想要娶得美娇娘！"

在大家的笑声中，炼金师又火上加油地添了一句："这样你还是娶不到！"

阿牛更困惑了，急得用手直搔脑袋。大家也更好奇了，等待老师解释。

炼金师喝口茶，继续说："当你说你'想要'的时候，你的状态是匮乏的，因为你没有，所以你才'想要'。根据吸引力法则，宇宙回应的是你的感觉和感受，而不是你所说的或想的，所以，当你在一个匮乏、渴慕的状态下，你发散出来的振动频率就是匮乏、缺失，所以宇宙就会针对你的'状态'作出回应。"

"啊！"大家恍然大悟，原来这就是秘密的精髓所在！可是阿牛还是没搞清楚，又迟疑地举手问："老师，你说我们不可以想'不要的'，也不可以想'想要的'，那——那我们想啥？"全部同学虽然还是想发笑，可是阿牛问的这个问题还真有点道理。这样一来，我们究竟可以想什么呢？

炼金师一笑，然后正色地说："当你向宇宙宣布你的愿望时，

遇见心想事成的自己

检视并修正内心深处潜藏的负面信息，否则发愿和背景噪音的信念，就像双头马车各拉一个方向，哪儿都去不了！

　　你必须要非常相信你会得到它，甚至已经得到了。所以，你要散发出去的，应该是已经得到了你想要的东西的感觉。因此，你的思想应该是：我已经有个温柔美丽的老婆了。"语毕，全班哗然，七嘴八舌乱成一团。有人说："这不是自我欺骗吗？"有人说："怎么做得到呢？""要我去想象，都想不出来啊！"抱怨声四起。

　　炼金师又高高举起双手，大家才逐渐平静下来。他看看满脸疑惑的学生，然后朗声说："记得，真正发出强烈振动频率、吸引宇宙回应的，不是你的思想或是你说的话，而是你的感觉，这是骗不了人的。所以，当你说，我有温柔美丽的老婆，但是心里并不相信，你其实是适得其反地在发送一些负面的、怀疑的情绪，所以一点儿用处都没有的，反而会得到反效果！"对啊！是啊！台下一片赞同声。"那——那该怎么办呢？"又是那个心急如焚的阿牛。

"当你来到神秘学院，开始关注你'想要'的东西的时候，你其实已经是在创造自己未来的正途上了。"炼金师郑重地宣告，"所以，事实就是，你已经正在通往达成自己愿望的路途之上了。因此，如果你这样说，'我正在迎娶美娇娘的路途上了'，这句话的感觉怎么样？"炼金师看着阿牛。

阿牛晃着脑袋，想啊想："嗯，感觉很好！"全班看到他那个傻头傻脑的样子，又忍不住窃笑。

"就是这样！"炼金师高兴地说，"就是要这种感觉！"接着他写下了几个句子：

> 我不要娶丑八怪！
> 我想要娶美娇娘！
> 我已经娶到美娇娘了！
> 我正在迎娶美娇娘的路途上！

然后，他又替换成：

遇见心想事成的自己

我不要失败！

我想要成功！

我已经成功了！

我正在通往成功的正途上！

"这样理解了吧！最后一个才是能够给你正确振动频率的句子！因为，当你提出这样的宣言时，并不是在勉强地宣告这件事情已经成真了，而是在陈述你有心想要做到这件事，也就是说，你已经看到了那个你想要的未来！"

全班都不约而同地点头，有些人已经露出跃跃欲试的表情了。

炼金师又说："我们平常的习惯，都是聚焦在自己不要什么，而不是真正的要什么。比方说，我们上课很长时间了，大家都迫不及待地想下课。你们的注意力是在哪里？大部分都是在觉得无聊、屁股坐得酸痛啦、怎么还不下课啦……"大家给老师说中了心事，不好意思回话。

炼金师看着大家，嘴角带着一丝戏谑的微笑："如果你们想的是，我宣布下课以后，你们的开心愉快，还有之后你们在外面散步、嬉戏，和朋友聊天、谈笑的画面，情况就不一样啦！"这时，炼金师闭上眼睛，好像在感受什么。半晌，他睁开眼睛笑着说，"好啦！我收到你们的讯息了，现在下课吧！这几天要好好练习这个宣言！"全班开心地鼓掌欢呼起来！

06

找到自己真心想要的东西

创造人生的步骤

> 凡是你关注的，一定会因为你聚集的能量而扩大、增
> 强。所以，凡是你抗拒的，都会更加地持续。

阿南一直在想，自己的宣言应该是什么。

是"我已经在迎娶公主的路途上了"还是"我已经在回家的路上
了"？

阿南决定闭上眼睛，让自己的感觉来做主。当念前面一句的时
候，阿南感觉自己是跃跃欲试的兴奋，而且还有很大的憧憬。念后面一
句时，感觉是低沉的，好像承认失败似的。因此，阿南决定现在先用第
一句来当成自己的宣言。

一早儿上课的时候，炼金师就宣布："今天，我们要进入心想事
成的实际步骤啦！"全班一听，赶紧收回刚才聊天的散漫之心，拉长耳
朵，坐直身子，专心聆听。炼金师又拿起大毛笔，写下：

遇见心想事成的自己

1. 发愿

2. 感恩

3. 接受

　　这时大厅鸦雀无声，都在等待炼金师的解说。"第一个步骤就是发愿。你们昨天已经学到如何发出正确的愿望，我也提到，一般人大部分都是聚焦在自己不想要的东西上，不过，这也没什么不对。"大家一听，傻了眼，昨天才说不可以的，今天怎么又可以了呢？

　　"因为，"炼金师解释，"我们是如此习惯性地去思考和看见我们不想要的东西。所以，不妨就从不想要的东西当中，找到自己真心想要什么。也就是说，当你知道自己不要什么的时候，把它反过来，就知道自己要什么了！"全班这又点头称是，没错，有道理！

　　"不过，"炼金师补充，"你们聚焦的地方，因为获得了更多的关注和能量，所以一定会扩大。"炼金师看看大家，"因此，你们一定要把注意力和焦点放在自己要的东西上，而且是正面的方向上。"

　　"昨天教过你们关于发愿的宣言，大家记得吗？"炼金师目光横扫全场，最后停留在阿南身上，"阿南，你告诉我们，你的宣言是什么？"

　　阿南羞红了脸，想要在地上找个地洞，找不到地洞，只好灵机一动："嗯，我的宣言是，是，我正在，正在，达成我愿望的路途上！"

　　全班都笑了，阿勇立刻嘲笑阿南："是什么见不得人的愿望啊！

你的愿望要愈清楚愈好，这样宇宙才知道如何帮助你。
含糊其辞的人，是得不到宇宙全力协助的。发愿宣言要成为
你的背景思想，就像一个背景音乐一样，整天自动地放送，
上达天听。

要这样遮遮掩掩的。"阿牛当然也不放过阿南："是不是跟我们阿秀有关啊！要不然怎么不说清楚啊！"全班哈哈大笑，阿南头低到不能再低，阿秀脸也红了，低头玩着自己的辫子。炼金师高举双手，让大家安静，放过了阿南。

"你的愿望要愈清楚愈好，这样宇宙才知道如何帮助你。含糊其辞的人，是得不到宇宙全力协助的。"炼金师强调，然后又加了一句，"发愿宣言要成为你的背景思想，就像一个背景音乐一样，整天自动地放送，上达天听。要达到这种状态，你一定要相信自己的发愿宣言，否则就不要想它。"大家都若有所悟地点点头。是啊，如果一边想着自己的愿望，一边又想着它不可能实现，那反而有相反的效果了。

"心想事成的第二个步骤是感恩。"炼金师手指着大字报上的字，"这里有两个很重要的元素。首先，就是要去观想事已成之后的情境，然后身临其境地去感受它。为什么呢？"他等着有人接口，可是台下一片宁静，"因为这时候，你的振动频率会怎么样？"炼金师提示。

"这时候，我们的振动频率和我们想要的结果的振动频率是一致的。"又是阿秀，她脸上的红晕已经退去，"根据吸引力法则，就会吸引我们想要的东西来到我们的生命中。"全班都以崇拜的眼光看着她，阿南也不例外。

"很好！"炼金师嘉许，"所以，你集中心力，观想你的愿望已经达成以后的每一个细节，愈详细愈好，尽量用到你所有的五官觉受：在脑海中的画面'看见'，耳朵听见，再加上鼻子嘴巴共同去体会，更重要的是，你的触觉，也要感受到。"炼金师说完，就请大家练习看看。

　　阿南坐在台下，一时之间真的不知从何做起。观想和公主成亲的画面？还没想就脸红了。所有的学生之中，只有阿牛这次的练习做得最好。只见他手呈环抱状，脸上充满着陶醉的表情，当他正准备嘟着嘴要亲吻他梦中的美娇娘时，炼金师却宣布："好，练习到这里。"他检视了一下在场每个同学的能量，"对于那些无法观想美梦成真的人来说，你们自己都不相信自己的愿望会实现，你叫宇宙怎么帮你呢？"阿南低下头来，而阿牛还是兀自沉醉在自己的美梦中，眼睛都还张不开。炼金师这时用力拍了拍手，才惊醒了阿牛，他流着口水从梦中醒来，其他人又在掩嘴偷笑。

　　"你感受到自己美梦成真的同时，就要去感恩。因为感恩可以更加扩大那个正面的感觉。也就是放大那个振动频率。"炼金师歇一下，让大家的头脑也休息一下。然后他又慎重地说，"其次，你要每天注意自己在那个特定方面的进展和进步，看到一点点宇宙在帮你的蛛丝马迹时，就要立刻感恩。同样的，那一点点的进展，就会因为你的关注而更加扩大，能量振动也愈强。"

　　接着，炼金师把大字报都撕了，准备重新再写东西。他问："好了，我们说过，创造显化的步骤是什么？"当学生七嘴八舌在背诵的时候，他就写在大字报上。

遇见心想事成的自己

思想 ·····▶ 情绪 ·····▶ 行动 ·····▶ 结果

"好，心想事成的步骤，当然要和创造显化的步骤一致，而且完全要充分地利用到自然的显化过程。就是这样……"炼金师在纸上加了：

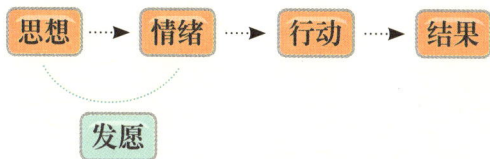

思想 ▶ 情绪 ▶ 行动 ·····▶ 结果

发愿

"你要从思想当中，找到你真正想要的东西，进而作出发愿宣言，这样就会带出正确的情绪，而我们知道情绪的振动频率是最强的。"他继续加上字：

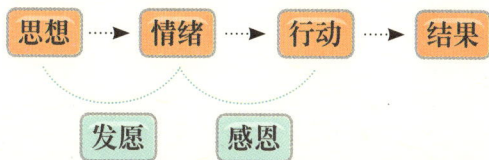

思想 ▶ 情绪 ▶ 行动 ·····▶ 结果

发愿　　感恩

"感恩会从情绪中带动出正确的行为。因为有感恩的心，所以我们会去关注生活中对我们的目标有帮助的点点滴滴，并且以相应的行动来呼应。"

最后，他写上：

$$思想 \cdots\!\rightarrow 情绪 \cdots\!\rightarrow 行动 \cdots\!\rightarrow 结果$$

| 发愿 | 感恩 | 接受 |

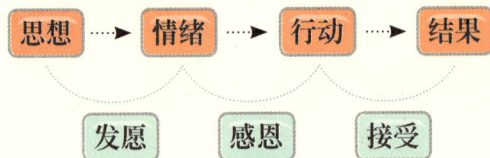

"感恩带出的行动，是合乎第三个心想事成步骤'接受'的原则的，所以最后就会创造出我们想要的结果。"炼金师解释，"所谓接受的原则，就是：能量是来去流动的，要接受之前，一定要有付出，这是这个物质世界二元对立的基本法则。"

遇见心想事成的自己

07

结业不是毕业
为别人的成就开心

> 真正阻止我们成功的，并不是我们不懂或不明白的事，而是我们深信不疑，但其实不正确的事情或是观念，这是我们最大的阻碍。

又有人举手了，这次是阿勇："老师，你说接受之前要先付出，这是什么意思？"

炼金师点头嘉许这个问题，然后说："就像一个水桶，你要加水之前，必须要把里面的水倒掉，才能再灌水进去。"

但是阿牛又不懂了。"老师，那原来就有水了，干吗还要加呢？"

"哈哈哈！"全班又被阿牛的问题逗得哈哈大笑。连严肃的炼金师这回都忍俊不住，笑了起来。

酸溜溜的阿勇忍不住损阿牛："你原来装的是粪，倒出来以后装牛奶还不好吗？"语毕，全班都笑得前仰后合，炼金师也忍不住转过身子去，捧着肚子笑。阿牛被糗得面红耳赤，又发作不了，一股气憋得他的大肚皮似乎更大了。

炼金师等全班笑得差不多，才正色地说："所谓付出，除了是要'虚位以待'之外，很重要的一点就是要帮助别人。你想要什么就给别人什么。"

阿牛又露出困惑的表情，但是却欲言又止。还是阿勇直率，勇敢地问："我想要美娇娘，我总不能把我的美娇娘送给别人吧？"大家都有同感，但是还是有人发笑。阿南更有同感，但是连头都不敢抬。

"很好的问题，"炼金师不以为忤，"别忘了，我们谈的都是能量层面的东西。你要是一穷二白，想要给别人金钱也给不出手。但是，你会愿意把自己仅有的东西跟别人分享。"

阿牛再也忍不住了："可是美娇娘也要分享吗？"

全班又是一阵哄笑，阿牛却是一本正经，可见得他对这个议题的态度非常严肃。

"当然不是，"炼金师忍住笑，认真地回答，"但是，当你看到别人有美娇娘的时候，你是什么感觉？"他反问阿牛。

"嗯……嗯……"阿牛不好意思，偷看了阿南一眼，"很羡慕啊！还有一点点……嗯……"

"嫉妒是吗？"

阿牛终于害羞地点头了，不过还是恶狠狠地瞪了在旁边偷笑他的人。

炼金师看着全班，认真地说："嫉妒、怨恨、怒气等都是负面的能量，当你看到别人有你想要的东西，而你没有的时候，你所升起的负

所谓付出，除了"虚位以待"之外，很重要的一点就是要帮助别人。你想要什么就给别人什么。

面能量，会让你想要的东西离你自己更远。"

全班这才如梦初醒！难怪，愈是看不起有钱人，嫉妒有钱人的人，自己永远不会有钱。因为他对"有钱"和"钱"的负面态度，反而把它们推得更远。愈是为别人的成就而开心的人，自己也会招引同样的能量到身上来。

炼金师又回答了几个问题之后，就告诉大家："我们神秘学院的密集训练课程，到此也差不多告一个段落了！"

此言一出，全班惊讶声大起。有人粗声问："那……那，我们怎么参加'心想事成大赛'啊？光这样就行了吗？"也有人问："就这几个简单的步骤啊？我还没搞清楚呢！""我真的能娶得到美娇娘吗？"（大家都知道是谁问的！）一时之间，大厅上乱成一团。

炼金师又高举双手，让大家安静。"我一个一个回答你们的问题。"他严肃地说，"首先，一年一度的'心想事成大赛'，都是我们神秘学院特别资深的学员参加的。"

阿南想起了阿娇说的话，心想"谁知道有什么阴谋"，不过他赶紧摇头，把这个负面思想去除。

"所以你们必须要修炼多年，而且要有特殊的资质，才能够有那样的功力！"

"哦！"全班非常失望，能量一下降到最低。

"另外，心想事成的步骤，看似简单，但是要做到位，却不是一年两年就可达到的。至于，"炼金师看看阿牛，"你能不能娶到美娇娘，就看你自己下的工夫深不深了！"

语毕，全班又是七嘴八舌、杂乱无章的场面。

炼金师示意大家安静，然后说："我还有一件重要的事情要宣布，"大家一听，立刻安静下来，"我们在此只算是结业了，但是要毕业，而且拿到神秘学院勋章的话，还要通过一次考验。"

大家面面相觑，不知道还要有什么考验。

"这个考验，就是在最后一个步骤，心想事成的第三步，接受，"炼金师解释，"在这个步骤中，有一个最为重要的秘诀，但是我不能教你们。你们必须自己去实际实行了以后，有所体会，才能够过关，领到勋章。"

在最后结业的当头，应该是欢欣庆祝的时刻，但是大家却心情沉

遇见心想事成的自己

重。原来后面还有这么一招儿，谁知道炼金师指的是什么？通不过这一关，神秘学院也算是白进了！

阿南也觉得奇怪，自己没有预期的兴奋，并不完全是因为还有一个难关的缘故，他自己也说不上来，可能是任务还没有完成吧！

"好！"炼金师宣布，"你们回去具体实践心想事成的步骤，一旦发现了那个最大的关键之后，随时都可以回来向我报告。可是——"炼金师又拉长了语调，"一个人只有两次机会。如果你第一次没说对，第二次就是最后机会了！"

台下每个人都面露恐惧，一脸的担心和犹豫。

炼金师摇摇头："哎呀！我真是白教了！任何的困难和阻碍，你们拿出心想事成的功夫都可以解决的呀，现在就展现出这么负面的能量，怎么能够达到你的愿望呢？"

台下阿勇第一个发难，用他最强大的能量喊出："我们一定能够心想事成！"其他人立刻附和："对呀！一定可以！一定可以！"

阿南感觉有一只手温柔地放在他的肩膀上："你也一定可以的，阿南！"

阿南回头看着阿秀，回答说："是的！我一定可以做到！"

08

奇妙旅程的开始

实现自己的承诺

我们意识中的很多旧信念，都已经成了人生中的背景
噪音，不停地在播放，也影响我们的行为反应。

离开神秘学院，辞别了炼金师和其他的同学们，阿南依依不舍地
最后和阿秀告别："阿秀，谢谢你这些天来的关照。"

阿秀其实已经泪眼欲滴了，但却还是强颜欢笑："哪儿的话，互
相照应，彼此彼此！"

阿南欲言又止，终于问："我在哪里可以找到你？"

阿秀一怔，停了半晌，然后说："山水有相逢，后会自有期！"
就飘然离去。阿南若有所失，看着她远去。配上阿秀身影的，却正好是
最惹阿南伤情的夕阳！

阿南依约前往皇宫拜见太后。在宫外等候多时，太后终于有空儿
召见了。阿南见到太后，又熟悉又陌生，不如如何开口。

倒是太后开门见山："你学到秘密了？"

遇见心想事成的自己

"是的，最后的考验还没过。"

太后一笑："真正的考验在此呢！"说罢，令人拿来两件宝物。太后看着阿南，"你答应我的事，一定要做到。这两件宝物能帮助你回山城国去带回公主。不得有误！"

阿南看看那两件宝物，哭笑不得。一件是只破烂的大碗，里面什么也没有。另外一件是一块普通石板，粗糙陈旧。

太后看到了阿南的表情，冷笑一声："傻小子懂什么！这两件是心想事成的宝物。你现在的功力不足，只有借用宝物，才能取信公主，将她顺利带回。"

说罢，举起破碗，告诉阿南："你只要集中心念，看着碗的中央，你想要的事物就会从碗中央浮现。"看到阿南惊讶的表情，太后又拿起石板，"这块石板，你在上面写任何东西，都会立刻成真。但是……"太后露出郑重的表情警告阿南，"它们都只能使用一次。而且，离开了甚美国，它们的法力只能维持三天，你要自己抓紧时间。还有，"太后再度警告，"这些宝物变出的东西，都是不能持久的，你要玩儿把戏的话，就只能维持半个时辰，到时候，东西就会恢复原状，碗里的东西也会消失不见。"

阿南看着两件宝物，不知如何作答。

太后说："至于使用它们的时机，就要看你的智慧了！"说完，太后走到门厅之外，一匹白色骏马已经在门外等候。"这是你的坐骑——飞天宝马，它会带你平安度过沙漠和险阻，并且把你和公主都带回来。"

阿南惊讶地走向白马，检查了一下马身两侧，脱口而出："它没有翅膀啊！"话一出口，太后和侍从都哈哈大笑。

太后轻斥："傻小子，什么翅膀，它健步如飞，什么东西都赶不上，三天之内，它可以不吃不喝，足够时间把你和公主带回来了。"

阿南红着脸，牵着宝马，向太后辞别。太后定睛看他，语重心长地说："孩子，我二十年来未了的心愿就要靠你了！不要辜负我的期望。"阿南回禀太后："我已经学了心想事成的秘密，我一定会完成任务回来的。"太后露出嘉许的眼神，手一挥，催促阿南上路。阿南骑上白马，向东奔驰而去。

飞天宝马果然健步如飞，阿南坐在马背上，只觉得周遭景物如飞而去，风飕飕地吹过耳际，连身子都感觉轻飘飘的，好像真的在飞一样。午夜时分辞别太后，离开甚美国时太阳正要升起。阿南谨记太后的教训，宝马可以不吃不喝三天，而宝物的法力也只能维持三天，所以一定要在期限内赶回山城国，见到公主，并且劝说公主跟他回甚美国。

一路上阿南吃着阿秀临别时送他的一些干粮，佩服着阿秀的未卜先知和心思细密。"她怎么知道我要远行？"阿南纳闷着。不过他的心思很快就转向该如何面见公主，并且劝说公主愿意和他离开。公主深居简出，一般外人根本见不到，阿南一介草民，更是想都别想，除非，除

非……全城的人都睡着了。突然电光火石之间，灵感来了！就这么办，利用石板，就可以让全城的人睡上半个时辰。当然，公主是不能睡的，还有阿南自己。（好险，先想到了！）

这半个时辰当中，怎么样可以让公主信服呢？其实，阿南觉得，先不要告诉公主有关王后可能是她母亲的事实，以免节外生枝。听说月叶公主虽然任性，但是还是挺爽快也挺讲义气的。既然说了谁学会秘密就嫁给谁，只要阿南展示了破碗的神力，就可以取信于公主，并且劝说公主和他畅游秘密所在地。好奇贪玩的公主肯定禁不起诱惑，愿意跟随阿南浪迹天涯。想到这里，阿南开始热血沸腾，按捺不住满腔的仰慕之情，恨不得立刻见到美丽的月叶公主。

飞天宝马真的不吃不喝也不用停歇，跑了将近三天（当然，阿南还是得歇歇的！）。第三天的傍晚，阿南远远地就看到前面衬着晚霞的白头青山，似乎非常熟悉。再一段时间后，从马背上望去，真的是家乡的天目山。

阿南拍着宝马，兴奋地叫着："我回家了！我回家了！"随即又沮丧不已，因为想到时间匆忙，根本没有时间回家探望母亲和姐姐，也没有时间和她们解释这一切。

另外，阿南最担心的是，如果有人看到他回来了，那么第二天公主失踪的这笔账，肯定要算在他头上，万一连累了老母亲，那就是罪该万死了！

白马到了山城国脚下，阿南赶紧下马让白马休息一下，并且补充水和粮食。这一带是来自其他国家的人来山城国做买卖停歇的地方，应该不会遇到熟人。阿南手脚利落，很快地，不但把马喂饱了，并且还准备了接下来三天他自己和公主的干粮。一切就绪，宝马也恢复了元气，阿南正要上马之际，听到后面有人喊："阿南！阿南！是你吗？"

"糟糕！"阿南想，"完蛋了，被识出来了！"当下只有硬着头皮转身。一看，是小时候的邻居阿信，听说他这两年都在做买卖，来往于不同的国家之间，赚了不少钱。

"阿南！真的是你！"阿信笑着说，"你不是去找秘密了吗？回来了也不说一声。你们那一群人一走好几个月没有消息，大家都以为你们凶多吉少了呢！"

阿南勉强笑了笑："我刚回来，还没进城呢！"

阿信拖着阿南，拉拉杂杂说了一大堆事情，面对阿信的种种问题，阿南含糊其辞地应付，因为不惯说谎而汗流浃背。看着太阳落山，天色愈来愈黑，再晚的话，宝物就要失去效力啦，阿南拉着宝马就要走。

阿信说："嘿！我跟你一块儿进城吧！我刚从北方回来。"

阿南赶紧说："不要了！不要了！"眼看着阿信要去拉马，阿南一跳上飞天宝马，立刻向前奔驰，速度之快，阿信看得目瞪口呆。要追，却只看得见一堆飞扬的尘土了。

遇见心想事成的自己

我们想要的东西，最终可能变成我们想象不到的痛苦，或是，从一个更长远的角度来看，它未必适合我们。这就是心想事成的第一大陷阱。你求了半天的东西，到头来变成一场噩梦。

09

山城国的冒险

想要什么就有什么的能力

我们的头脑是制造戏码和编剧的高手，不停地在愚弄我们，为我们的人生增添很多不必要的煽情戏。

好不容易摆脱了阿信，阿南松了一口气。一踏进山城以后，阿南就不敢用快速度前进了，以免宝马的飞速招人耳目。一路穿过熟悉的大街小巷，避开拥挤热闹的人群，阿南终于来到了皇宫门口，当日在广场上的一幕，好像是昨天的事一样。阿南掏出石板，拿了块石头，想了想，在上面写下：让山城国的人全部立刻睡着，除了公主和阿南。果然，不消三秒钟的时间，整条大街安安静静，没有一点声音。

阿南把宝马拴好，准备直闯皇宫。一路通行无碍，到了公主的御花园，正要进门，一大群体积庞大、凶狠无比的獒犬，张牙舞爪地向阿南扑来。阿南吓得立刻撤退，一路狂奔到了皇宫门外，才敢停下来。

"真笨！"阿南骂自己，怎么没有想到公主的护卫犬呢？光顾着人了，动物还全醒着呢！这下怎么办？眼看时间一点一点地溜走，再迟疑就来

遇见心想事成的自己

不及了，半个时辰很快就会到。阿南无计可施，这才又想起了飞天宝马，它的速度可是比那些獒犬快的，但是就得要操控好宝马，对准了公主的寝宫，一刻不停地单刀直入才行。

阿南这回又溜进公主的御花园，只不过是骑在飞天宝马上，獒犬根本追不上。阿南让宝马在公主的花园内打转，他好打量环境。坐在马上，仔细查找公主寝宫的方向，阿南转得都头晕眼花了，好不容易才看到了公主的寝宫，对准了大门，让宝马直接闯入，然后立刻关上大门。

大门砰的一声关闭后，阿南还不敢立刻下马，怕公主寝宫里也有

如果能够扫除我们内心的障碍，直接与那个源头接上，那么，每一个人都可以恢复我们与生俱来的心想事成的能力。

护卫犬，因为公主特别喜欢动物。等了好一会儿，没有动静，却听到公主的声音："怎么了，发生了什么事？"

美丽的月叶公主在昏暗的灯光下出现，简直就是天女下凡，美丽得不可方物，阿南看得目瞪口呆。公主一出来，看到傻头傻脑的阿南，脱口就问："你是谁？怎么会把马骑进我的寝宫？"

阿南这才如大梦初醒，赶紧说："您好！公主，我是几个月前奉命前往神秘国寻找秘密的人之一……"

"哦！是吗？"公主歪着头，好奇地打量阿南，模样可爱极了。

"是的，公主，我已经成功地把秘密带回来了。"阿南这样说有点儿心虚，不过自己也的确是学到秘密了，虽然还没有完全过关。

"那——你如何证明呢？"公主直截了当地问。

阿南立刻拿出了背在身上的破碗，然后解释："启禀公主，所谓的秘密，就是心想事成的能力——也就是想要什么就有什么的能力。在这里，您所想要的任何东西，我都可以让它在这个碗里浮现出来。"

"真的吗？"公主挑着眉毛，打量这个看起来毫不起眼的破碗。

"真的，您就许个愿吧！"阿南盘算一下，距离全城人快清醒的时间实在不远了，再不行动，后果就不堪设想。

"嗯……"公主沉思。她从小奇珍异宝看多了，什么宝贝也不稀罕。既然能够变出任何东西，公主心想，一定要变一个我从来没看过的东西才行。于是，公主朗声说："那你就变朵黑色的郁金香给我吧！"

遇见心想事成的自己

原来公主酷爱动植物，暖房里种了各式各样的奇花异草，但是，就是没看过黑色的郁金香。

"什么？"阿南不敢相信自己的耳朵，"郁金香？"那是什么玩意儿？阿南连听都没听过，更别说看过了。既然没有看过，他根本就没有办法经由观想而心想事成。怎么办？他又不能让公主来观想，因为这样的话公主就会知道，这个破碗谁都可以玩儿，不一定要"学会"心想事成的人才能变出戏法来。

阿南急得如热锅上的蚂蚁，眼看就要功亏一篑了。突然又是急中生智："公主，您可不可以把郁金香画给我看看，我没看过，无法心想事成。"

公主好笑地看着阿南："不用画了，我的花园就有，但不是黑色的。"

阿南一听，如获大赦，连忙让公主带着他去花园里看看。

公主带着阿南，一路上嘀咕着："奇怪，今天侍从们怎么一个都不见了。"众獒犬在花园里看到了阿南，更是咬牙切齿，作势欲扑，但碍于主人在场，发作不得。公主一路上还兴致高昂地不停介绍她栽植的各种美丽花朵，但是阿南哪有那个心思，满心只想看看郁金香长得是啥模样，一路点头敷衍了事。

终于，公主指着一朵橘色的花说："那就是郁金香。"

阿南这下总算有了概念，把橘色变成黑色就不是难事了。好不容易，一路又折腾半天回到寝宫，真的是迫在眉睫了，阿南赶紧拿出家传的定静功夫（这功夫救了他好几次啦！），集中心力对着破碗观想，果然片刻间，碗的中央就升起一朵黑色的郁金香。

公主高兴地大叫："真的耶！真的耶！好棒哦！"她抓着阿南的手，兴奋得不得了，"我终于看到传说中的黑色郁金香了！"

阿南这次没有抽回手，任由公主拉着他的手又蹦又跳。看着陶醉的公主，阿南也如痴如醉地沉浸在喜悦之中。突然间，阿南听到有人说话的声音，"糟糕了，他们醒来了！"阿南想。

说时迟，那时快，阿南一把抱起公主，放在马上，匆匆地说："公主，这是一匹飞天宝马，它健步如飞，快胜弓箭，我们坐着它一起去神秘国看看好吗？"阿南此时真的是孤注一掷了，生死就在公主的一念之间。公主不愧为公主，当下就爽快地说："好！走吧！"

等到大批侍从和侍卫冲进来的时候，只看到白光一闪，人马就消失在夜空之中。

遇见心想事成的自己

10

让事情自然发生

等待接受，学习放下

失败和平庸也不过是一种习惯，所以会制约着一些人，让他们甘于平庸，屡遭失败。

　　两人共乘飞天宝马，一路出奇的顺利。有了公主的陪伴，经过最可怕的沙漠时，黄沙烈日都变得格外浪漫。坐在公主身后，闻到公主身上阵阵的香味，她如云的秀发也不时轻抚阿南的额头，让阿南深深陶醉，此刻，阿南心想事成的"观想"功夫一步到位，好像美梦已经成真啦！

　　到了甚美国的皇宫之外，等待通报觐见太后时，阿南告诉公主这个国家其实叫"甚美国"，不是"神秘国"，正要进一步和公主解释心想事成的秘密时，太后的侍从已经匆匆忙忙来接待两人，让他们立刻进宫。太后早已经在大殿上等待，阿南拜见太后，并且介绍了月叶公主。太后首先点头嘉许了阿南，然后，用充满泪水的大眼睛看着月叶公主，一言不发，只是摘下了脸上的面纱。

　　"啊！"原本在旁静观一切的月叶公主，此刻忍不住惊呼。太后眉梢上的那个蔷薇花瓣的胎记，大小、颜色可都是和月叶公主一模一样，怎么会这样？月叶公主立刻用质疑的眼光看着阿南。

阿南只有点点头，轻声说："是的！她是你的母亲。"

月叶公主美丽的大眼睛直视太后，从不可置信、震惊，到泪水盈眶。

月叶公主似乎感应到了些什么，毕竟是血肉之亲，彼此能量振动的频率一定也会有所相应吧！月叶公主冲向前，匍匐在地，哭喊："母亲！母亲！我从小就没有母亲！原来你在这里！"

太后这时也立刻下座，一把抱起泣不成声的月叶公主："孩子！我的孩子！妈妈想你想得好苦啊！"

母女两人抱头痛哭，旁边的随从示意阿南退下，阿南也识趣地离开大殿。

阿南在大殿外等候多时，也不见太后召见或是月叶公主出现，只有讪讪地离开皇宫。就在向外走的时候，阿南眼角余光瞥见了一个熟悉的背影，"阿秀？"阿南呆了半晌，正要快步向前追赶，眼一花，那个身影就消失了。阿南纳闷，刚才那名女子是宫女打扮，没有阿秀的招牌小辫子，而阿秀应该是贵族人家，想必是自己看错了。阿南摇摇头，知道自己思念阿秀，一时间，不知道此刻去哪儿好。这会儿想起了大叔和阿娇，想这就去他们家拜访一下。

阿娇和大叔看到了阿南，高兴得不得了，大叔还特别杀了一只鸡，庆祝阿南的到来。阿南简单地述说了一下这些日子发生在他身上的

事情。

大叔一拍掌："哈！这么说来，你即将成为我们甚美国的驸马爷啦！"

阿南还是腼腆地不知如何接话，阿娇倒是不太开心地嘟着嘴。大叔知道小女儿的心事，也不去理会她。

阿南暂时就在大叔家住了下来。每天还去农地里帮大叔、阿娇干活儿。阿南谨遵炼金师的教诲，每天还是练习"发愿""感恩"和"接受"的步骤，但是，他也记得炼金师说，接受的步骤当中，还有一个重要的环节。现在阿南就是每天在操练这些步骤，但是日子一天天地过去，就是没有任何皇宫来的消息。

阿南思量，难道公主忘记他了？虽然他找到了秘密，但是现在两人身处甚美国，不是山城国了，太后只答应传授秘密给他，作为他把公主带回来的条件，可没有允诺要把公主下嫁给阿南。阿南想到这里，心凉了半截儿，那公主呢？公主可是亲自作出了承诺，难道因为场景变了，她也不必遵守诺言？

阿南每天左思右想，心情很不好。大叔看了，就要阿娇陪他去城里走走，去市集上逛逛，也许可以碰到皇宫来的人，打听一下消息，要不就是至少出去散散心也好。阿南和阿娇依言进城，首先来到了神秘学院的门口，阿南很想进去看看炼金师，可是考验还没有通过，阿南也羞于见老师。

坐在昔日和阿秀并肩而坐的大石头上，阿南心事重重。他回想炼金师的教导，突然意识到自己此刻的状态，也就是他发散的能量，是和心想事成背道而驰的呀！他该做的都做了，包括发愿、感恩，甚至也都采取了积极有效的行动，但此刻的他，却不是在接受的状态，因为他的振动频率和他想要的东西不合！

想通了这一点，阿南很兴奋，但是，却不知道如何修正自己。阿南想起来"秘密转移物"的方法，于是和阿娇就向市集的方向出发，希望热闹的人群能够冲淡一下阿南沉重的心事，调整一下频率。

两人来到城里最热闹的地方，在经过皇宫门口的时候，阿南真的很想进去打听一下情况，可是又鼓不起勇气来。在热闹的市集里，什么样的人都有。叫卖的小贩、表演杂耍的街头艺人，整条街热热闹闹的，充满了生命的活力。突然阿南看到一位出家和尚，肩上背着个大布袋。他一路喊着："行也布袋，坐也布袋，放下布袋，何等自在！"

阿南一听，如雷贯耳，整个人当时就呆在原地，动弹不得。阿娇以为他中邪了，着急地叫："阿南，阿南！你怎么了？"

过了好一会儿，阿南才回神儿过来，立刻抱起阿娇在空中转了几圈儿，开心地喊着："我知道了！我找到了！快！快！跟我去神秘学院找炼金师！"

阿娇在阿南后面跌跌撞撞地跟随他来到了神秘学院门口，阿南交代："你在外面等我，我很快就出来。"

遇见心想事成的自己

阿娇看到阿南脸上露出了多日不见的笑容和兴奋之情，也很为他高兴，就说："你去吧，我在这里等你！"

阿南就立刻冲进了神秘学院。一路进去，片刻不停地冲到了炼金师居住的小屋门口，这才喘口气，不敢大声敲门，只好轻轻地叩门，但是连他的叩门声都充满了兴奋的期待。

过了一会儿，只听到屋里一个苍老的声音说："谁啊？"

"是我，阿南！"阿南小心地回答。

门呀的一声打开，炼金师还是那一套装束，脸上露出惊喜的表情："是你啊！阿南，好！好！进来。"炼金师知道，阿南此时会来，肯定是找到了答案，虽然不知是对是错，但是也足够令人欣慰了，"呵

如果你认为，你要的东西非到手不可，其实你是在推开这个东西。

我们的旧信念，就像旧衣服一样，都过时了。它们不过
就是些旧思想罢了，何必抱持着不放？

呵！你这么快就有答案啦？"炼金师问。

阿南不好意思地笑笑，接着说："我发现，当你做完所有该做的事情，等着接收成果的时候，如果你过度热切地期盼，反而会产生很多负面的情绪。"说到这里，阿南看看炼金师的反应。心里想，如果苗头不对，就赶快收手，毕竟一个人只有两次机会。炼金师饶有兴味地听着，看来阿南方向是走对了。

"所以，我觉得，我们在接受的阶段，采取了相应行动之后，就应该放下，让事情自然发生。"阿南缓缓道来。

炼金师一拍大腿，吓了阿南一跳！"对！就是这样！这叫做放手！"炼金师大声地说，看起来好像比阿南还兴奋，"如果你认为，你要的东西非到手不可，其实你是在推开这个东西。"

阿南有一点儿转不过来，还是脱口问了："为什么？"

11

得到秘密的勋章

让宇宙的力量带领你

真正把你想要的东西带到你身边的，是宇宙的力量。在适当的时机，你必须放手，让它接管，学习放手，学习信赖，你才会轻松地得到你真正渴望的东西。

"为什么？"炼金师激动地说，"因为你这种想法就会发送负面的能量——就像你刚才说的呀！这个负面能量就会阻挡你渴求的东西。"炼金师看着阿南，拍拍他的肩膀，"要学习放手，学习信赖，你才会轻松地得到你真正渴望的东西。"

阿南听懂了，开心地点点头。

炼金师又解释："因为真正把你想要的东西带到你身边的，是宇宙的力量。在适当的时机，你必须放手，让它接管。你前面该做的都做了，现在你只要留心宇宙给你的讯号，然后抓住它为你带来的每一个机会就可以啦！"

炼金师这时左看右看，随手抓了块小石头，在地上画字，嘴还是不停地说："看你这孩子资质不错，真是令人欣慰。我给你好好整理一

遇见心想事成的自己

下这个课题吧！"

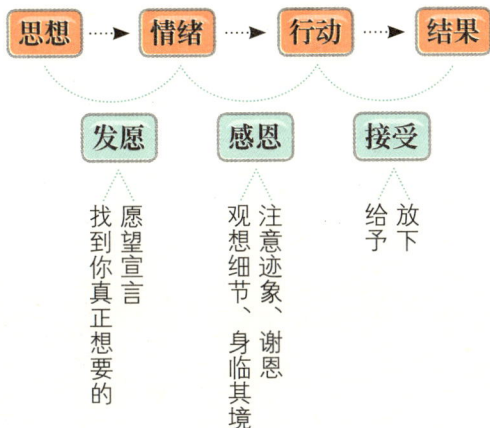

思想 ➝ 情绪 ➝ 行动 ➝ 结果

发愿　　感恩　　接受

找到你真正想要的　愿望宣言

观想细节、身临其境　注意迹象、谢恩

给予　放下

"还记得吗？"炼金师问，"发愿这个步骤，你必须先知道自己真正想要的是什么，然后准备你的愿望宣言。"

阿南点点头，接口说："然后在感恩阶段，你要身临其境地观想事已成的状态，散发出那种感觉。而如果在生活上看到任何宇宙的回应，就要立刻感恩，好扩大它的影响力。"

炼金师很满意，最后又加上："在接受的阶段，是把前面的努力化为结果的重要时机，我们借由给予，还有你刚才体会到的：放下，可以让我们有更多的空间让宇宙把东西带入我们的生命当中，我们进而采取相应的行动，带出我们想要的结果来。"

炼金师画完了，也说完了，就起身到他身边的一个柜子里，拿出一个精美的锦囊。他看着阿南说："这是我们神秘学院的毕业勋章，可以挂在脖子上，随时提醒你，你的内在有强大的心想事成的力量，就看你如何使用它。"说毕，炼金师拿出一个圆圆的木刻勋章，上面有一些奇怪的图案，套在阿南的脖子上，"孩子，你天性善良，也相当有慧根，希望你好好努力，不枉费我一番苦心教导。"

阿南看着这个象征珍贵殊荣的勋章，热泪盈眶。他迟疑了一下，终于勇敢地拥抱了炼金师，两个大男人都湿了眼眶。

再三不舍地辞别了炼金师，阿南出了神秘学院的大门，找到了在石头上睡着了的阿娇。阿娇睡眼惺忪地被唤醒，看着阿南，突然发现阿南脖子上的勋章，高兴地大叫："你拿到啦！太棒了！你一定要教我啊！"

阿南示意阿娇小声点儿，毕竟他们在神秘学院大门口不远处哪！

遇见心想事成的自己

072

要学习放手，学习信赖，你才会轻松地得到你真正渴望的东西。因为真正把你想要的东西带到你身边的，是宇宙的力量。

两人兴高采烈地回到大叔家，看到大叔，又是免不了一阵欢欣鼓舞。

那一夜，阿南睡得很沉。他决定要静观其变，如果等待太久了，也许他可以想办法回家看看妈妈。正沉沉进入梦乡之际，突然传来重重的敲门声。大叔刚打开门，一个人影就冲了进来，直往阿南的炕上去。

"阿南，阿南，你得快走！快走啊！"阿秀已经上气不接下气，披头散发，完全失去了平时的秀气文雅。

"阿秀，你怎么啦？"大叔在旁边紧张地问。

阿南正在纳闷大叔怎么会认识阿秀的时候，阿娇从内屋冲出来，一看到阿秀就叫："姐，你怎么回来了？"

阿秀顾不得那么多了，抓着阿南就要往外跑，阿南不知道从哪儿来的怒火，一把挣脱阿秀的纤纤小手："到底怎么回事，你先说清楚啊？"阿南看清楚阿秀，的确是一身宫女装扮，心里一凉，不禁问道："你到底是谁？"

阿秀和大叔、阿娇三人面面相觑，半晌，阿秀开口了："我是阿娇的姐姐，太后身边的宫女。"

阿南早已猜到答案："那么，在神秘学院，你是太后派来监视我的？"

阿秀一怔，无奈地点头，想要解释，但是阿南不知道为什么就是怒火中烧，撇过头去不想看她。

阿秀急了，只有赶紧道出实情："我当初的确是去监视你的，但是，但是，你看现在……"阿秀看一眼爹爹和妹妹，脸一红，说，"我们不是变成好朋友了吗？我是来告诉你一件紧急事情的。"阿秀真的是很着急，头上的汗珠有黄豆那般大，"山城国的达非国王因为爱女失踪，不惜一切代价，亲自出马带领大军远征，现在一路杀到甚美国来

遇见心想事成的自己

了，不要回公主誓不罢休。"阿秀一边说一边喘气。

大叔这时插嘴，着急地说："甚美国的王储才十六岁啊，继位还不到两年，国弱兵衰，根本不是山城国的对手！这下可糟了！"

阿秀喘过气来了，继续说："所以太后就决定要捉拿你，好告诉达非国王都是你出的主意，反正太后原来就看你不顺眼……"

阿娇这时候插嘴说："就是嘛！她怎么可能把秘密传授给外人，还不早把你灭口！"

大叔叱责她："有你多嘴的吗？"

阿娇这才噤声不语。

这时远处传来马蹄声和嘈杂的人声，阿秀一惊，又赶紧抓着阿南说："求求你，快走吧！被太后抓到的话，你就真的没命了！"

阿南立刻跳下炕来，抓了衣服穿上。

阿秀告诉阿南："我帮你把飞天宝马偷出来了，它认得你，会跟你走。"说罢，拿了一个包袱给阿南，"里面有吃的，你一路多保重。"

阿南接过包袱，静静地看了阿秀一眼，

说："谢谢！"接着他看看阿娇和大叔，深深地一鞠躬，"谢谢你们！"

临出门前，阿秀又叮咛："往西边去啊！千万别往东走。"阿南出了门，果然看到全身雪白的飞天宝马等在门外，正要上马，却被一箭射中，脚步不稳，差一点儿摔在地上。阿秀一惊，闪身到门外，用力一托，把阿南顶上了马背，然后狠狠拍了一下马臀，飞天宝马立刻如闪电一样飞快向前奔驰，转眼消失在夜色里。阿秀看着心爱的人安全离开，心一松，脚一软，跌坐在地上。

阿南那一箭伤得不轻，正在胸口，差一点儿就直刺心脏要了他的小命。一路上宝马拔足狂奔，但是阿南的生命力却愈来愈弱。鲜血已经染红了他整个胸膛，阿南感觉自己的生命似乎到了尽头。努力了这么久，不但没得到心爱的公主，反而还落得今日有家归不得的下场……随着血液向外奔流，阿南的求生意志也愈来愈弱。朦胧中，他看到自己的家乡，小时候的情境历历在目，妈妈、爸爸、姐姐……都来了，连阿黄也来了……阿南逐渐失去了意识，任由宝马载他去天涯海角。

遇见心想事成的自己

你不可能经由一个没有喜悦的旅程，到达一个喜悦的终点。在过程中保持一颗喜悦的心，无论最后是否达到了目标，至少我们曾经拥有过美丽的、愉悦的过程！

第二部

秘密后的秘密

经由喜悦的旅程到达喜悦的终点

遇见心想事成的自己
Meet Your Manifesting Self

12

在编织美梦的憧憬里
心想事成的秘密

我们的一生，其实是由每个当下所组成的，所以，
试着在每个当下，保持喜悦的心！

阿南醒来的时候，看到了火光——温暖的、熊熊的火光。随着火光，阿南睁大模糊的双眼，依稀看到眼前坐了一个人。是一个男人，年轻的男人，约莫三十岁。他看到阿南睁开眼睛，微笑地注视着阿南。阿南挣扎着想要起身，胸口一阵刺痛，又倒回榻上。男人开口了："你的箭伤未愈，先别乱动。"声音低沉有力，在山洞中引起阵阵回音。阿南这才看见自己躺在一个洞穴之中，偌大的地方，就靠一堆柴火照明。

"你，你是谁？"阿南开口了，声音沙哑，"这是什么地方？"

"我叫布托，这里是一个山洞。"布托一笑，又说，"你受伤流血，被一匹白马载来我这里，我为你疗伤止血，你昏迷七天了。"

阿南不知如何接口。布托又笑了，看了看阿南胸前的勋章，问道："你是神秘学院的毕业生？"

遇见心想事成的自己

078

阿南惊讶他居然会知道，然后又不好意思地想，"神秘学院的毕业生落得这般田地，岂不是给炼金师丢脸啦"！

"呵呵！"布托笑道，"心想事成的秘密，好像不太有用哦！"

阿南脸都红了，不过他还真是好奇这个男人怎么会知道这些？布托笑声停歇之后，告诉阿南："你好好养伤休息，以后我会慢慢告诉你。"

布托有种特殊的气质，应该说是能量吧！让阿南觉得特别舒服，在他面前好像不需要作任何保留。在这种气氛之下，阿南就着熊熊的火光又重回梦乡。

阿南再度醒来的时候，好像是白天了。因为他看到洞口有一丝光线透进来。阿南循着光线出洞，胸口的伤还是隐隐作痛。他看见那个男人布托，坐在一块大石头上，定静而安宁，超凡入圣的状态，令阿南禁不住也在他身旁坐下来，闭目沉思。半晌，阿南听到布托说："早啊！睡得好吗？"阿南点头，睁开眼睛，在晨光下的布托，看起来更加庄严肃穆，让人升起敬畏之心。

"你愿不愿意说说你的故事？"布托看到阿南的状况，其实也可以猜到十之八九，只是他想听听阿南的版本。阿南在布托前面，竟然滔滔不绝，完全没有保留和隐瞒，从月叶公主招亲开始，到甚美国的奇遇，学习秘密的经过，接公主回国的历程，巨细靡遗地说了一遍，布托听得津津有味，不停点头微笑。

阿南正准备一口气要说到最后自己如何被太后追杀的情形时，布

托却开口问阿南："你的发愿宣言是什么？"

阿南惊讶地看着布托，难道他也是神秘学院的学生？（不知道毕业没？呵呵！）阿南描述学习秘密的经过时，只是轻描淡写，并没有描绘细节。因为所有进入学院的学生都发过誓，不可以对其他人透露学习秘密的细节。而布托一语就中的，说出这么专业的术语，他肯定是神秘学院的学生了！

看到阿南讶异的眼光，布托笑笑，不经意地说："神秘学院是我创办的。"

阿南一听，眼珠子差点儿没掉出来，几乎岔了气："你……你是……"

遇见心想事成的自己

布托看着阿南的样子，又禁不住微笑，淡淡地说："我是甚美国的王子，呃，应该说是，前王子吧！"阿南的样子又像是刚吞了一头大象一般。

布托王子决定不再逗阿南了，和盘托出实情。原来，布托王子的生母早逝，父王驾崩前指定他为王储。但是，布托的后母，也就是现在的太后，一心想要自己的亲生儿子继承王位，因此演出了"暗夜追杀"，布托王子在亲信的极力掩护下，总算保住一条命，流落到现在的地方定居。

"这里是理想国，"王子解释，"以后我会让你出去逛逛。"

王子接着继续讲述他精彩的故事。他当初继承王位后，勤政爱民，完全不知道太后的处心积虑。甚美国王室的家传之秘就是心想事成的秘密，太后鼓励王子继续研究，好发扬光大。王子不疑有他，创办了神秘学院，一心要将家传之秘与全国人民共享。但是，王子愈是研究秘密，就愈发现秘密背后还有秘密……在王子还来不及落实澄清之前，太后已然重下毒手，王子只有弃国逃亡。

布托王子在描述这段惊心动魄的经过时，娓娓道来，好像在说别人的事，完全置身于事外。阿南却听得心惊胆战，以前竟然完全不知道看起来安逸康乐的甚美国，居然有这样的宫廷之争。

王子失踪之后，太后派人搜寻了几个月都毫无音信，于是宣告布托王子因故身亡，由她的亲生儿子沙达接替王位。由于沙达年纪太小，太后怕镇不住全国，便趁机宣布要公开皇室多年来的不传之秘——心想事成，好让全国老百姓沉浸在编织美梦的憧憬之中。

阿南听完了王子的故事，不禁汗颜刚才还对自己故事的精彩而扬扬得意呢！和王子的比起来，真是小巫见大巫了。但是阿南有满腹的疑问，禁不住要开口问王子。"那你知道心想事成大赛吗？还有太后给我的那几件宝物？"

王子还是带着他一贯温柔的微笑回答："太后来自巫月族，他们那族的巫术天下无双。但是巫术都不能持久，所以你的那两件宝物离开甚美国，就只有三天的有效时间，而且变出来的东西也不能持久。"

这时，阿南想起来了他的飞天宝马，赶紧问王子："我的马呢？"

王子看看他，又好气又好笑地说："你的马？它是我一手养大的啊！我让它回甚美国了。它是甚美国的镇国之宝，没了它，太后更是不会放过你。"

"哦！"阿南吐吐舌头，真是失敬了。

遇见心想事成的自己

13

那真的是你想要的吗?

"不配得"的情结

嫉妒、怨恨、怒气等都是负面的能量。当我们看到别人有我们想要的东西，而自己却没有的时候，这时如果我们升起了负面能量，其实会让我们想要的东西离自己更远。

阿南接着又问："甚美国的人虽然看起来都蛮快乐的，但是却也是无精打采，懒洋洋的，这是怎么回事?"

提到这件事，王子终于露出了一点儿痛心的表情，"太后教导全国人民心想事成的秘密时，故意误导他们，认为心想事成就是坐在那里，什么也不用做，只要编织梦想，发散什么快乐的振动频率，事情就会发生。这是她的愚民政策。"王子遗憾地摇摇头。"只有神秘学院的学生，学得稍微深入一些，但这些和我后来发现的'秘密背后的秘密'相比，他们知道的也不算多。"

这时候，阿南突然想起来他一直觉得不对劲儿的地方，那就是：如果太后深知心想事成的秘密，为什么她和亲生女儿失散二十年，却无法找回?难道真的是因为她不知晓"秘密背后的秘密"?阿南想到这里，真是心痒难搔，恨不得王子立刻吐露什么是"秘密背后的秘密"。可是又不敢多问，毕竟是人家传家之宝、镇国之秘啊！布托王子看看阿南，对这小子打的是什么主意心知肚明，他也不以为意，还是问了刚才阿南没有回答他的那句话："你的发愿宣言是什么？"

阿南在真人面前，还真的不敢隐瞒，只有照实说了自己的宣言是："我已经在迎娶公主的路途上了。"

王子点点头，问阿南："所以，你确信你要娶公主？"

阿南不解，回答说："是的。不瞒你说，公主花容月貌，很少人看了会不动心的。"

王子点点头表示理解，又问阿南："你有没有想过，你为什么要娶公主？"阿南一怔，自己倒是真的没有想过为什么要娶公主。

"你的理由是什么？你想清楚了吗？"

阿南很诧异王子的问话，转念一想，王子可能是在教导他"秘密背后的秘密"了呢！于是阿南很仔细地想，还是说不出什么好理由来。他就是为公主倾倒，想要娶公主为妻。

王子摇摇头，说："你必须对自己想要什么的理由非常清楚，否则你发的愿不会有强大的愿力。"

阿南吐吐舌头，心想，难怪不成！

王子又问："你凭什么娶公主？"

被王子这样一问，阿南又是一愣，不知道怎么回答。

遇见心想事成的自己

表面上的发愿，没有内在潜意识的支持的话，就像是没有箭头的弓箭，就算碰触到了目标也无法一箭中的。

王子笑笑："我不是真的在挑战你到底配不配娶公主，我只是在试探你，在你的内心深处，你有没有'不配得'的情结，否则你发的愿也是白发。告诉我，公主应该嫁给你的理由！"王子不放过阿南，继续咄咄逼人。

阿南想了想，回答说："因为我找到了秘密。"

"就是这样吗？得到了秘密就配得公主吗？你真的觉得你配得上公主吗？"

阿南扪心自问，他的内心深处其实真的有"不配得"的情结。看到公主他都会自惭形秽，怎么可能理直气壮地觉得公主"应该"要嫁给他呢？

王子看着阿南，语重心长地说："表面上的发愿，没有内在潜意识的支持的话，就像是没有箭头的弓箭，就算碰触到了目标也无法一箭中的。"

"但是，"阿南不死心地问，"心想事成还是很有用的，只要你能确定你要的是什么，而且深信自己配得，是吗？"

王子又笑着摇摇头，"没有像你想象的那么简单。告诉我，你确定你想娶公主吗？"

阿南闭上眼睛，探视自己的内心。现在他不确定了，不过他说："至少当时我是非常确定的。"

"好！"王子说："你确定想娶公主，你发愿，你感恩，就算你也觉得自己配得，最后你接受了，我们来看看会发生什么事。"王子在阿南的前额点了一下，阿南突然感觉一阵睡意袭来，恍然进入了梦乡。

"阿南，阿南！"一个来自远方的声音，声声呼唤着阿南。

阿南突然清醒，站起来一看，王子不知去向，那个声音却越来越近，一个人影儿也随之出现，居然是公主！阿南又惊又喜，大喊："公主，你怎么会在这里？"

公主娇嗔地说："到处找你找不到，你怎么跑到这么远的地方

遇见心想事成的自己

来？还好飞天宝马还识路，领我找了来。"

阿南说："太后她，她……"

"她什么呀？我母亲说，你让我们母女团聚，她感激你都来不及呢！怎么还会怪罪于你？"阿南大喜，原来是误会一场，真是白折腾了。

这时随从们也都赶到了，恭敬地迎接公主和阿南回国。阿南回到甚美国，发现山城国与甚美国已经结盟，达非国王不但不责怪阿南，还称赞他智勇双全，是众勇士当中"唯一配得上迎娶公主为妻"的人。在众人的祝福下，阿南顺利地和公主结婚了，过了一段快活的日子。

遗憾的是，公主从小娇生惯养，比较自我为中心。刚开始相处的时候还好，但是时间久了，阿南越来越难以忍受公主目中无人的态度，尤其是公主怀孕了以后，脾气更是坏得惊人。有一天晚上，公主突然肚子饿了，她执意要阿南去御膳房为她找点东西吃，而且不可以假手他人、使唤奴仆，一定

要自己去。

阿南那天刚打猎回来（公主最不喜欢的活动），已经被公主叨念了好久，心里很烦，身体很累，可是公主盛气凌人，阿南只有勉强听从。到了御膳房门口，刚好看到阿秀正在为太后张罗消夜。阿南问阿秀过得好不好，阿秀幽幽地回答："就是这样吧！哪有什么好不好！"

阿南突然看到阿秀脸上有块疤痕，以前从来没有见过的，就逼问阿秀是怎么回事。阿秀禁不住阿南的逼问，终于说："那一夜，我为你通风报信，你走后，我和其他侍卫交手，被他们砍了一刀在脸上。"阿秀哀怨的神情，引得阿南怜惜之心大起，他拉着阿秀的手，想要把阿秀搂在怀中。而公主这个时候正好过来查看阿南为何这么久还不回去，碰巧看到这一幕。

盛怒之下的公主，立刻要阿秀跳井谢罪，阿南知道公主只是一时气昏了头，很快就会回心转意，饶阿秀一命，于是立刻求情，苦苦哀求公主。阿秀平常温柔婉约，但是碰到情敌也不愿服输，当场就在宫廷内投井自尽。当阿南看到阿秀的尸体被打捞起来的时候，禁不住悲痛而当场昏厥。

遇见心想事成的自己

14

不要为难宇宙

心想事成的陷阱

心想事成不是只坐在那里想，你必须要随时保持警觉，留心宇宙为你带来的种种机会。凭自己的直觉，抓住每个时机，采取有效率的行动。

阿南幽幽地醒来，他的身体还残留着悲伤的感觉，连身上的骨头都隐隐作痛。可是先映入眼帘的，却是王子的那张笑脸。阿南一把坐起来，不解地看着王子。

王子问："怎么样？你真的想娶公主吗？"

阿南浑身发抖，分不清哪个是梦，哪个是真实的情况，而且心里好像乌云压顶，非常不舒服。

王子柔声地说："刚才只是你的南柯一梦，让你看看，如果你心想事成的话，可能会有什么后果——只是可能而已啦。因为，如果你真的跟公主结婚的话，这是其中的一种可能性而已。"

阿南震惊地说不出话来，只是呆在那里。

"你看，"王子耐心地解释，"我们想要的东西，最终可能变成我们想象不到的痛苦，或是，从一个更长远的角度来看，它未必适合我们。这就是心想事成的第一大陷阱。你求了半天的东西，到头来变成一场噩梦。"

阿南呆了半晌，身心还是没办法从那种极度情绪化的经历中缓解过来。但是他还是不死心地问："那，那有什么办法可以避开这个陷阱呢？"

王子笑笑，好像对阿南的执著又是赞赏又是无奈，"当然有！首先，最重要的就是我刚才问你的，你为什么想要娶公主？当你在发愿之前，要先想清楚'为什么'你想要这样的愿望。"

看到阿南还是一脸茫然，王子决定举一个实际的例子。

比方说，有人一心想要成为名医，但是实际上，他的资质并不适合。你问他："你为什么想做医生？"

"因为想济世救人！"

"为什么想济世救人？"

"因为可以有成就感！"

"为什么想要有成就感？"

如果他对自己有清楚的认识，这时候他会明白，他可能因为自我价值感不足，希望借由成为德高望重的医生，救人无数而获得尊重。这个时候，这个人可以做的选择有很多种，成为医生只是其中的一个可能而已。

他更可以在自我身上下工夫，了解到自我价值感只能靠他本身给予自己，如果仰赖别人给予的话，迟早要失望。还有，想要济世救人不一定要做医生，成为一个很好的老师，也可以助人无数啊！

另外，想要有成就感，也不一定要成为医生，因为，也许他其实很有做生意的天分，可以靠做买卖赚很多钱，而且还可以把赚来的钱拿出来救济穷人，更是另外一种的济世救人啊！

所以，我们看到，这个人其实有很多不同的选择，但是，如果他就是执著在发愿要当医生的话，他就是在为难宇宙，也为难自己，不但为自己的发展设限，而且只留出了一条窄路给自己前进。

听了王子的一番话，阿南低头沉思自己的状况。

"你为什么要娶公主？"

"因为看到公主美丽的面容就很开心。"

"看到公主美丽的面容为什么会开心？"

"因为自己拥有一件美丽的物品。"

"为什么要拥有一件美丽的物品才会开心？"

阿南这时候才发现，自己原来是虚荣心作祟，他跟公主其实一点儿感情都没有，更没有相处过，但是却一相情愿地想要娶公主，而两个人的地位又如此悬殊……

王子又问他："拥有公主以后的那种开心愉悦，是否有其他的方式可以取代？"

心想事成不是只坐在那里想。你必须要随时保持警觉，留心宇宙为你带来的种种机会。凭自己的直觉，抓住每个时机，采取有效率的行动，也就是说，趁浪花高涨的时候，顺势让它把你带到顶峰。

阿南想想，"不一定要娶公主，如果能够娶到一个平凡、但是温柔美貌、情投意合的姑娘，也是很好的！"阿南现在终于领悟：当初自己怎么会鬼迷心窍，非要娶公主不可？而且还信誓旦旦地发什么愿，冒那么多危险，现在看起来十分可笑！

王子看看悔悟的阿南，决定再和他分享一个故事。

有一天，村里的一个渔夫很兴奋地来看我。他告诉我，本来他很满意他的生活。每天早上在湖边和朋友聊天、打鱼，中午回家吃饭，和老婆睡个午觉，晒晒太阳，做做家里的活儿，傍晚孩子放学回来，全家享受天伦之乐。但是他的生活却因为一个陌生人而打乱了。

一天，有位富有的商人到了湖边，看到他打鱼打得很起劲儿，忍不住给了他一些人生的教导。从此，渔夫就有了一个愿望：想要成为全国最有钱的渔夫。

渔夫说："他让我每天不仅早上打鱼，下午也要打鱼。"

"为什么？"王子问。

"因为这样可以多赚钱。"

"然后呢？"

"赚够了钱，我就可以买条船，雇用一些人来帮我干活。"

"然后呢？"

"然后我就可以有很多渔货，卖到各地去，赚更多钱。"

"然后呢？"

"然后我就可以买船队，到真正的海洋上去打鱼，再赚更多的钱。"

"然后呢？"

渔夫搔搔脑袋，说："那个有钱人说，然后我就可以退休，在家里每天过得轻松愉快，高兴打鱼的时候就打鱼，剩下的时间就可以和老婆孩子一起开心过日子。"

王子问："那样的生活和现在的生活有什么不同呢？你辛苦了半天，兜了一个大圈子，还不是回到原点？"

阿南听了这个故事，不禁摇头苦笑。王子看他失落的样子，又提醒他，"所以，不是不可以发愿去求心想事成，而是你要确定自己究竟要什么，你可以从最终的结果（最好是内在的状态）来发愿，给宇宙一些空间，而细节就可以留给宇宙去发挥。"

阿南沉思了半晌，就说："所以，我的发愿宣言应该是：我正在觅得佳偶的路途上，不应该限定一个对象？"

王子点头，"你比宇宙知道什么最适合你吗？"

阿南摇摇头。

"所以，"王子继续说，"在发愿时，你可以观想一些实际的画面，像是你理想对象的温柔、美丽，你们在一起相处的融洽、心灵的契合。而'细节'——也就是到底是何方神圣会成为你的佳偶，还有'如何'——就是到底你会怎样遇见她，娶到她，都留给宇宙的神奇力量来

完成。"

　　"那么，"阿南又挑战王子，"我就什么都不用做了？在家里等待我的佳偶从天而降？"

　　王子笑笑，不在意阿南的刁难，"你要想努力到处去打听、去寻觅，也是可以。不过那是很费力的。你真正该做的，就是放手让宇宙去为你显化，但是……"王子拉长了语气，特别强调，"你要保持警觉，留心宇宙为你带来的种种机会，凭自己的直觉，抓住每个时机，采取有效率的行动，也就是说，趁浪花高涨的时候，顺势让它把你带到顶峰。"

你不知道要付出什么代价

是否能发出喜悦振动的频率

> 我们有时候只是一心想要追逐自己的目标，却没有想到，也许我们渴求的东西最终会到手，但是却有一定的代价要付。

阿南这几天跟王子在一起，才真正理解到秘密的一些精髓。他觉得自己是如此幸运，将来一定要跟很多人分享。当他跟王子说自己的感受时，王子淡淡一笑："你还有好多要学的呢！"这天，入秋的天气格外晴朗，王子和阿南坐在大石头上，享受秋意，阵阵微风吹来，阿南突然觉得，他好像还有个心事，像块石头一样还没放下来。

王子这个时候提醒阿南："你的故事还没说完呢！你只讲到了你把公主带回了甚美国……"

阿南"哦"了一声，不知道为什么，心头那块乌云始终没有散去，觉得非常沉重。于是阿南打起精神，继续描述接下来发生的事情。一口气说到了自己中箭上马而后失去知觉，最后他说："后面的故事你都知道了！"

遇见心想事成的自己

布托听完了阿南的故事，微笑着不发一语，只是温柔地看着阿南。阿南说完故事以后，愈来愈觉得不对劲儿，不知道哪里出了问题，心里就是特别不舒服。布托看着他，似乎了然一切，但还是静默地陪伴着他。

阿南回想自己离开甚美国的情境，突然脑筋一转，脱口而出："啊！糟了！阿秀，还有阿娇、大叔，他们……他们会不会被我牵累啊！我怎么这么糊涂，走的时候只想到自己，丝毫没有考虑到他们的处境？"

阿南这时急得像热锅上的蚂蚁，开始团团转，不停搔头："我当时不应该走的呀！我怎么这么自私？这么愚蠢？"阿南自责不已，眼泪已经开始不听指挥地向外直流，他不停捶胸顿足，偏偏伤口又还没好，每一个动作都扯到旧伤，龇牙咧嘴的，样子煞是可怜，像发了疯似的。

布托此时一只手搭住了阿南的肩头，用沉稳、坚定的语气说："安静下来，安静下来！"阿南像是被催眠了一样，真的安静下来，垂头丧气地坐在地上，一言不发，只是泪水还是不断地流。

"还有，"阿南一下子全都明白了，哽咽地说，"我的母亲、姐姐，如果阿信去通风报信，达非国王知道是我把公主拐走的，一定会，一定会……"阿南再也忍不住了，号啕大哭了起来，"我做了什么啊？为什么要想娶公主？我是什么身份？有什么资格娶公主？落得今天这种下场……"

阿南一把鼻涕、一把眼泪哭得好不伤心，王子只是安静地坐在一旁，什么也不说。等到阿南哭够了，王子才缓缓地说："这又是心想事成的另

我们有时候只是一心想要追逐自己的目标，却没有
想到，也许我们渴求的东西最终会到手，但是却有一定
的代价要付。

一个陷阱：你不知道你要付出什么代价！"阿南听到王子这样说，哭得更
大声了，自责、悔恨的情绪像一锅滚开了的水，不停往外冒。

"我们有时候只是一心想要追逐自己的目标，却没有想到，也许我
们渴求的东西终究会到手，但却有一定的代价要付。"王子尽量用委婉
的语气解释，"像有些人追求名利财富，一心只是为了填补自己内在的空
虚匮乏，并没有和自己内在真正的渴望结合，也丝毫没有利他的想法和远
大的抱负。最终，他可能要付出的代价是健康、人际关系——朋友远去，
家人疏离。结果，他达到了他想要的目标，可是却失去了更多。"

看着低头饮泣的阿南，王子说："我再告诉你一个故事。"

有一天，村里的一位老婆婆由于好心帮助了一个路过的流浪人，
流浪人决定要送给老婆婆一个礼物。那是一只干瘪了的猴子耳朵，据说
具有神奇的魔法，能够成就三个愿望。

遇见心想事成的自己

老婆婆拿回家，告诉了老头儿，老头儿表示不信。老婆婆说："儿子快成亲了，我们要一点银子给他办喜事吧！"老头儿不置可否。于是老婆婆拿着猴耳，虔诚地按照流浪汉的指示说了三遍："给我们二十两银子，给我们二十两银子，给我们二十两银子！"

过了半天，没有任何动静，老头儿说："你看，我说是胡说的吧！"

到了傍晚，突然有重重的敲门声，一开门，一个年轻人说："请问这是阿旺妈妈的家吗？"

"是啊！什么事？"

年轻人低头，神情哀伤犹豫，然后小心地说："阿旺，阿旺，他……被我们老爷的马给踢死啦！"

两位老人家一听大惊，几乎要昏过去。年轻人赶快加了一句："我们老爷很不好意思，特地给你们二十两银子，表示最深的歉意。"

老婆婆和老头儿悲痛至极，白发人送黑发人，埋葬了亲生的儿子。

几个月以后，老婆婆突然又看到了被老头儿丢到角落的猴耳，由于思儿心切，她问老头儿，你看，这个猴耳好像的确管用，不如我们再次祈求，让儿子回来？老头儿一听，也点头同意。于是老婆婆又虔诚地对着猴耳说了三次："让阿旺回来吧！"

当天半夜，老婆婆和老头儿听到沉重的脚步声和喘气声，赶紧探头往外看，果真是阿旺回来了，只是……经过几个月的土埋，阿旺的身体早已腐烂，惨不忍睹，模样吓人，而且看起来没有意识。听到重重的敲门声和低沉的吼叫声，二老吓得躲在床底下。

老头儿急中生智，赶紧跟老婆婆说："还是跟猴耳说，让阿旺安息吧！"

阿南听到这里，突然抓着王子的手："王子，你说的我都明白了！但是，我不能眼睁睁地看着大叔他们，还有我的家人这样受我牵累！你告诉我，心想事成到底有没有用？我可以用心想事成的方式帮助他们吗？"

王子同情地看着阿南，缓缓地说："心想事成最重要的一个诀窍，就是你要打心底散发出事情已经成就之后的那种正向的振动频率，你做得到吗？"

阿南放开王子的手，闭上眼睛，试着去观想妈妈、姐姐、大叔、阿娇、阿秀，还有大叔他们都安然无恙，等待他回去的样子，可是他还是功亏一篑，又放声大哭出来："我做不到，我做不到，我好担心，我好自责！"说毕，阿南又趴在地下痛哭。王子在一旁，柔声说："接纳你此刻的痛苦情绪，释放这些痛苦的能量，让它们自来自去。"

阿南哭得天昏地暗，觉得日月好像都无光了，抬头一看，真的天黑了。一天没吃东西，王子不知从哪里弄来了烤红薯，阿南虽然悲伤，但是肚子还是饿得叽里咕噜叫，拿起红薯就大口大口吃。王子告诉阿南，有很多村里的妇女们也常来找王子，说她们的丈夫变了心，爱上了别人，问用心想事成的方式，是否可以让丈夫回心转意。阿南一边吃着

遇见心想事成的自己

红薯，一边好奇地听着。

"就像我告诉你的一样，"王子有点无奈地说，"心想事成最大的诀窍在于发出事已成的喜悦振动频率，所以我告诉她们，如果你们真能做到那样的话，丈夫回不回来也不重要了，不是吗？"

阿南听了，放下吃了一半的红薯，说："我做不到。他们的安危对我来说很重要，甚至胜过我自己的生命。"

王子看着阿南，眼光出现了一丝丝的威严："你现在的负面情绪，甚至不吃东西，对这件事情有帮助吗？"

阿南想想，是啊，一点儿帮助也没有。于是又拿起红薯来吃。

"现在最重要的，"王子强调，"就是你要允许自己哀伤，"阿南嚼着红薯，莫名其妙地看着王子，"然后，到了一个地步，你要能放下，不是放下红薯！"王子看到阿南又要放下红薯，特别加了一句。

阿南点点头，他已经有放下的经验了，知道那是一种既美好又轻盈的感受。

"然后，你要看清楚，你现在想到他们的时候，如果就是悔恨、担忧和悲伤的话，你学过能量法则的……"王子以眼神考验阿南。

阿南嘴里塞着红薯，口齿不清地说："就是把负面能量加诸在他们身上，对我自己和他们一点儿好处也没有。"

"对的，"王子满意地点点头，"所以，等你情绪平复一点了，我再教你怎么做。"

16

积压的情绪是堵塞的能量

慈悲地观照负面情绪

> 当你对事情的结果有某种特定的期望时，你就会受苦。对你真的想要什么，有一个清楚的画面（心想事成），对你所能想象可能发生的最糟结果，全然接受（放下恐惧），你就能活得自在。

第二天一大早，王子就要阿南跟他一起打坐。两个人沐浴在晨光之中，面对面在大石头上冥想。王子要阿南任由自己内在不舒服的情绪呈现，允许它们自然流露，不受一点儿阻碍地表达它们自己。阿南对于大叔一家子和自己家人的挂心、自责和悔恨的情绪非常强烈，王子要他在清楚意识的观照下，没有一丝一毫抗拒地去经历它们。

阿南觉得自己的内在好像巫婆的一个盒子，现在被打开了。在静默中，对大叔一家和自己家人的安危担忧所产生的负面情绪，带动了他内在的各种负面能量，还有小时候的回忆。包括了孩提时与邻居孩子偷跑到邻村去探险，天黑了找不到路回家，害怕、自责，怕妈妈会担心。爸爸生病了以后，阿南天天对着上苍祈祷，担心爸爸的病情，还觉得是自己不乖、不好，爸爸才会生病的。另外就是，有一次偷摘隔壁村子玉米老爹的玉

遇见心想事成的自己

米，被当场逮个正着的悔恨与羞愧。还有阿南上学以后，因为家里很穷，被别人看不起，而深深觉得"自己不够好"，自我价值低落的感觉。

阿南这些痛苦的回忆和不舒服的情绪不停涌现，他在挣扎之际，王子提醒他要慈悲地观照它们，不带判断或喜好地去关注它们。坐到日上三竿，王子看到阿南紧皱的眉头渐渐放松了，出现了祥和的表情，就让他下座，两个人摘了一些新鲜的蔬果来吃。

王子告诉阿南："静默是非常重要的基本功夫，它能够平静你的内心，让你观照你的思想，进而培养你自我觉察的能力。"

阿南问："静默需要特别的技巧吗？还需要老师指导吧？"

王子摇摇头："你就是自己最好的老师。千万记住，一个好的老师是把你内在的力量培养起来，而不是夺走它们。太过依赖大师，等于是把你自己的力量和能量都交给了对方。"

王子摊开了手："静默就是这么简单，找个安静的地方坐下来，背脊挺直，眼睛闭上，向内观照，你会发现自己的思想来去不断，没有关系，就只是去观察它们。"

阿南点点头："以前我父亲也教过我定静的功夫，很好用！"

王子说："跟一个觉知力比较强、意识比较清楚的人在一起静默，会带动你比较容易进入状况。就像一根木柴，如果想要点燃起来的话，和另外一根已经焚烧的木柴放在一起会容易些。"

阿南看了看王子，欲言又止。

王子明白阿南还是没有死心,笑笑地说:"我知道你想问什么。静默当然可以帮助心想事成的功夫。首先,"王子强调,"静默让你的心思清明,你能更觉察到自己真正想要的是什么,而比较不会被你的贪欲和思想所迷惑。"

王子啃了一口苹果,继续说:"而另一个好处就是,你刚才也做了,就是和你最基本的一些情绪赤裸裸地相处在一起,你无处可逃,必须面对它们。"王子又看了看阿南,"因为在你思想比较平静的状态下,压抑了多年的情绪和念头很可能会逐一冒出来,这时候就要看你是否有足够的内在力量去和它们共处,允许它们的存在。"

看着王子的好胃口,阿南有一口没一口吃着他的胡萝卜,又问:"这又有什么好处?"

王子一怔,笑了:"好处多了。积压的情绪就是堵塞的能量,它们会阻碍宇宙能量流向你的通道。而你以前学的心想事成,强调的都是'补'的功夫,不断地塞正面的思想、情绪给自己。但是就像我们传统的医学一样,一个人身体不健康的时候,不是光靠补就可以的。你必须先'泻',创造出空间,好让新的东西进来。"

"所以,所谓的'泻',就是容许那些积压、隐藏了多年的负面情绪,浮上台面?"阿南觉得自己总算问了一个聪明的问题。

王子给阿南一个鼓励的眼神:"通常这些负面情绪,我们都很不喜欢,所以一直压抑逃避它们。因此,用泻的方式去对治它们最好,也

遇见心想事成的自己

我们身上所积压的情绪就是一种堵塞的能量，它们会阻碍宇宙能量流向你的通道。当负面情绪升起的时候，要把注意力拉回来，放在自己身上，去觉察它。它会因为你慈悲的观察和观照而逐渐消融、减退。

就是说，当它们浮现的时候，与其逃避或压抑，不如面对它。"

阿南又糊涂了："所谓面对，就是任由它发泄出来吗？"

"呵呵！"王子笑，"发泄、逃避、压抑都不是面对。"

阿南双手叉在胸前，一副愿闻其详的表情。

"好的，"王子不以为忤地继续解释，"所谓面对，就是全然地去经历它。"

阿南学着王子的语气，接下去说："所谓经历，就是……"

王子看看阿南，又笑了："在每天的生活当中，如果有人事物勾起了你的负面情绪，当时在你的身体层面，一定有一个对应的地方会不舒服。所谓情绪，其实是我们身体对思想的一个反应。所以，当它升起的时候，与其把注意力放在外面激起你情绪的人、物、上，不如把注意力拉回来，放在自己身上——身体上！"

王子又补充："通常那个感觉是很不舒服的，所以我们想要发泄、压抑或逃避。而全然地经历就是去允许那个不舒服存在，把你的呼吸带到那里去，试着和那种不舒服的感觉在一起，这就是'泻'！"

王子加重了语气："'泻'了之后，在那个当下，你就可以去检视那个不舒服的情绪是由什么念头引起的，甚至可以追本溯源，找到在你生活中、妨碍你快乐幸福的信念是什么！"

王子吃完了午餐，擦擦手，拿起一根树枝在地上写字，一边说："所谓的信念，就是像你说的：我不够好啦，我不配得啦！这些失败者

遇见心想事成的自己

的信念！"他在地上写的是阿南在神秘学院学过的创造过程，但是王子却在前面加上了一个"信念"：

信念 ⟶ 思想 ⟶ 情绪 ⟶ 行动 ⟶ 结果

"你看！"王子说，"比方说，你有'我不配得'的信念，你就会用某种符合你信念的角度来看事情，进而对那件事产生了一定的思想来支持你的信念。根据那个思想，你又衍生出情绪，后面的你已经知道啦！"

阿南忍不住问："那我们怎么解除这些不好的信念呢？"

王子看着阿南，很高兴他一下就问到了重点："想要改变，首先你必须知道自己有哪些信念需要改变。所以，觉察的功夫非常重要。你可以先从那些引发你负面情绪的事件开始，慢慢地去观察体会！"

阿南皱着眉头思考，过了好一会儿，缓缓说道："好像情绪是会反复地出现，即使触动它的人、事、物都有所不同！"

"没错！就是这样！"王子一拍双手，阿南吓了一跳，"外界的人、事、物一直都在改变，可是你对它们产生的思想和情绪没有改变。对某些情境，你始终只能有一种反应、一种应对的方式，而不去思索是否有其他的角度或可能性。这就是你的人生模式、你的信念。"

阿南执著地继续追问："通过觉察的功夫，我们看到了那些需要修改的信念，那下一步呢？"

17

连接上你的源头

心想事成的终极秘密

> 我们在心想事成中所运用的力量，其实就是我们源
> 头的力量——来自宇宙的强烈能量，它能够将无形显化
> 为有形，也就是说，能把你的意念变成实物。

王子看到阿南的锲而不舍，摇摇头又笑了："你先好好练习一阵子觉察的功夫，再说下面的事吧！"于是阿南就每天跟着王子打坐、聊天、散步。王子时不时会有一些访客，阿南就坐在一旁，听王子为他们解答人生的困惑和难题，学习到了很多阿南从前不可能理解的人生智慧。

阿南的心中随时都还是会升起担心、自责等负面的情绪，他就照王子说的方法，允许它们升起，并且在身体的层面去感受它们，很快的，这些情绪就会消逝。阿南也看到自己脑袋里不停在编造故事——这也是王子告诉他的，我们的头脑是制造戏码和编剧的高手。

阿南头脑编造的故事情节不外乎是回忆以前的一些事情，假想自己当时应该怎么做，或是不该怎么做。要不然就是编织大叔、阿秀、妈妈他们大概会怎么样的故事，愈想愈担心，自己吓自己。王子曾经说，

遇见心想事成的自己

真正的自由就是你能够理解到，你不必听信你脑袋里的那个声音。而且，想思考的时候就思考，想停下来的时候就停下来。阿南真的很羡慕这种内在的自由，可惜自己还做不到。

阿南这时看到几个年轻小伙子骑着快马来见王子，他们在王子耳边说了一些话，王子点点头，神色欣慰地嘉奖了他们，小伙子们高高兴兴地骑马离去。王子示意阿南走过去，开心地告诉阿南："我派去探听消息的第一批探子回来了，他们说甚美国和山城国并没有发生战事。"阿南一听，大喜，心中的大石头放下了一半。"第二批探子会去打听大叔和你家人的消息，你就静静等待吧！"

阿南听了，搓着双手、搔搔耳朵，心痒难耐。王子看着他那个猴样儿，也非常理解，就说："阿南，现在是你练习静默冥想、观照自己的最佳时刻。"他让阿南入座，然后问，"你现在哪里不舒服？"

阿南说："我的胸口好像有热水在翻滚！"

王子笑："很好！非常透彻的觉察。试着把呼吸带到那里，不要抗拒那个感受。"

在王子的指引下，阿南感觉胸口的滚水缓缓平息，他的呼吸本来十分急促，后来也渐渐缓慢延长。最后，阿南进入了一个非常平静广大的空间，在那个广阔的空间中，他感到非常温暖、舒适。好像在暴风圈里找到了一个中心点，如入不动的核心。再度睁开眼睛的时候，阿南眼中闪烁着喜悦之光。

王子看着阿南的变化，欣慰地说："这是静坐的另一大好处，也是心想事成的终极秘密。"阿南一听，精神又来了，脸上又露出了极度期待的表情。王子觉得好笑，不过还是不让阿南失望地继续说明，但他接下来说的话却让阿南大吃一惊，"心想事成其实是每个人与生俱来的能力。"阿南一听，觉得太不可思议了，心想，那、那我们怎么会完全脱节了？由于惊讶太甚，还来不及说出口问王子。

王子笑笑，理解阿南的震惊："我们在心想事成中所运用的力量，其实就是我们源头的力量——来自宇宙的强烈能量，它能够将无形显化为有形，也就是说，能把你的意念变成实物。我们在长大成人的过程当中，逐渐与我们的源头失去了联系，所以无法随时取用强大的宇宙能量。"

阿南听了以后，觉得内在有些东西被触动了，接口说："所以，静坐可以让我们与内在的源头更加地接近，也更能够连上那个宇宙的力量？"

"没错！连上了那个力量之后的心想事成，不但不会招来你不想要的东西，而且不会让你付出代价。"

阿南听了，悠然神往，禁不住又急急追问："那除了静默冥想之外，还有什么方法可以让我们连上这个源头？"

王子不在意阿南的急躁，还是缓缓地解释："当然有。我不是跟你说过，我们的信念，还有一些人生模式，是影响我们生活幸福的最大

遇见心想事成的自己

障碍吗？"

阿南点头同意。

"它们也是阻碍我们与源头连接的主要障碍。所以——"看到阿南又要张口问，王子这回抢先说了，"我会安排你接触一些人，让他们告诉你，他们是如何解除生命中制约的模式的。"

王子说完，又找到了那天为阿南画的图，还在地上呢！不过，王子在信念和思想之间，加上了"解除"两个字，然后，写下了："观照、觉察"。

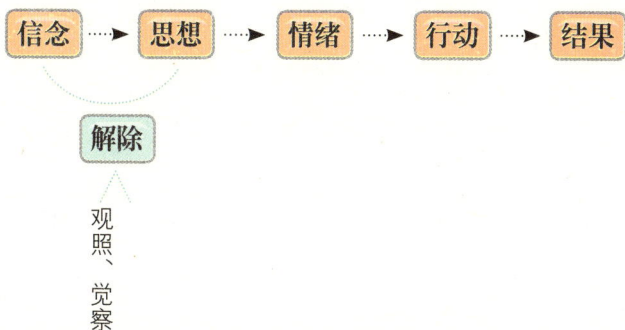

信念 ·····▶ 思想 ───▶ 情绪 ───▶ 行动 ───▶ 结果

解除

观照、觉察

"我们前几天是不是说到了当你观照、觉察到了自己的模式和信念之后，要如何解除？"

"是的，你还没回答我的问题。"阿南念念不忘。

"我教你从觉察负面情绪着手，因为负面情绪是让我们发现自己人生模式和信念的最重要的一个线索，它就像是冰山露出的那一角。当我们不与负面情绪抗衡，反而是去接受它或是允许它存在的时候，就等于是消融了冰山的那一角，这样冰山就会逐渐融化了。"阿南张口要问，却欲言又止。

"我知道，是很慢。"王子已经相当了解阿南了，"不过，不要忘了，借由静默冥想，你的意识之光，也会进一步消融那座冰山。那座冰山，是你经年累月营造出来的，怎么可能一夕间就烟消云散？"

阿南点头同意。

"好！"王子满意地说，"冰山逐渐消融，这是'泻'的功夫，接下来我们要'补'啦！怎么个补法呢？"王子又在地上写字。这回，他加上了"重新设定"这四个字。

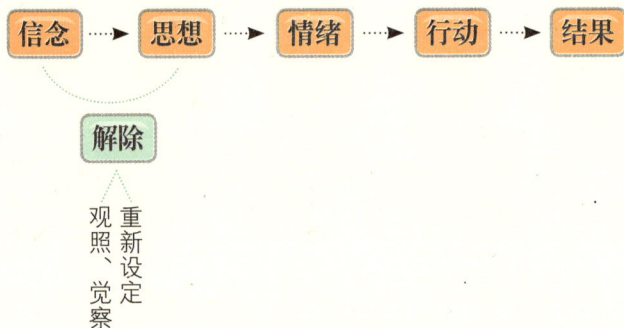

信念 ⟶ 思想 ⟶ 情绪 ⟶ 行动 ⟶ 结果

解除

观照、觉察　重新设定

遇见心想事成的自己

"所谓重新设定，就是要重新塑造你的人生模式，换上对你有用的信念。"王子看着阿南，"现在，该是你出去走走的时候了。你碰见的人都会很乐意跟你分享他们的人生经验，等你回来的时候，希望有好消息等着你啦！"

　　于是阿南辞别王子，准备到理想国去好好游历一番。

　　临行前，王子又提醒阿南："记住，阻止我们成功的，并不是我们不懂的事，而是我们深信不疑但其实不正确的事情，那是我们的最大阻碍。希望你好好体会！"

18

紧抓不放的人生模式

重新设定信念

> 信念是很可怕的东西。当你根深蒂固地相信某种想法时，它就是你的主人，主宰了你的生命，让你不是以能让自己最快乐幸福的方式生活，甚至理直气壮地伤害身边的人。

阿南天没亮就离开了山洞，按照王子交代的路线，顺着小路往前走。走着走着来到了一个大海边，仔细一看，这其实不是一望无尽的海洋，而只是一个非常大的湖泊，大到像一片海洋那么大，几乎看不到对岸了。

"早安！"

阿南听到有人跟他打招呼。阿南循着声音，看到了一个在船上整理渔网渔具的渔夫。

"你早！"阿南回答。

"你从王子那里来的吧？"年轻的渔夫问。

"是啊！你怎么知道？"阿南好奇。

"这么一大早，从那个方向来，而且一脸的期待与向往……哈

遇见心想事成的自己

哈！"渔夫笑着。

阿南搔搔头，有点儿不好意思，不过既然被看穿了，就干脆直接问了："你可以告诉我解除人生模式的方法吗？"

渔夫看着热诚好学的阿南，点点头说："当然可以啦！不过你要知道，解除人生模式的第一步，就是要先看到妨碍你人生的模式是什么，你做到了吗？"

阿南迟疑了一下，然后说："是看到一些了！其中之一就是，我发现我有很严重的自卑情结，常常觉得人家瞧不起我而自哀自怜。"

"很好！"渔夫很满意。他已经整理好了他的渔网，一跃上岸，来到阿南身边，"你坐下来！"阿南依言和渔夫在海边坐下来。

"你知道，人生模式是基于我们过去搜集到的资料，然后被制约而来的。"渔夫的开场白简单而直接。

"咳！"阿南咳嗽一声，有一点儿不好意思显示自己的无知，所以不敢问究竟什么叫做"制约"。

还好渔夫继续说下去了："'制约'就是我们小时候，在当时的状况下，针对一些发生的事情而作的决定。比方说，'一朝被蛇咬，十年怕草绳'。这种制约是比较没有理性的，毕竟我们当时年纪小，承接了一个观念以后，从此就紧抓着不放。却没有想过，我们可以从另外一个角度来看事情，或是说，事实和我们想象的是不一样的。"

看着阿南有点困惑的表情，渔夫决定举一个例子。"你看有些杂

"制约"就是我们小时候，在当时的状况下，针对一些发生的事情而作的决定。就像杂耍团里的大象，它们小的时候，就被一根细绳绑在木杆上，但是由于力气小，挣脱不开，从此，它们就不再尝试。直到它们长成大象，明明只要一脚就可以挣脱捆绑，但是仍然受制于那根细绳和木杆。

耍团养的大象。在帐篷里面，他们只用一根细小的绳子绑住大象，而且是捆在一根细细的木杆上。"

"是啊！"阿南同意，他从小看这些杂耍团的时候，就讶异这些大象是怎么训练的。

"当这些大象还是小象的时候，他们就用一根这样的绳子和木杆绑住它们，但是由于那个时候小象力气小，挣脱不开，从此，它就不再尝试。直到它长成大象，明明只要一脚就可以挣脱捆绑，但是它仍然受制于那根细绳和木杆。"

"所以，"渔夫愈说愈兴奋，"我们要看到过去的哪些信念已经不适合我们，可以放弃或是重新设定了。"

"因此，"阿南终于大胆地提问，"当我看到别人鄙夷的眼光，或是嘲弄的揶揄时，我不应该自哀自怜，自惭形秽？"

渔夫看看阿南："不应该？这个字很严重哦！有什么不应该？这是你从小的一个反应模式罢了，你要转换它之前，要先接纳它，不可以抗拒它。因为，抗拒是世界上最强的能量之一，你的抗拒……"

"反而会让它更加茁壮？"阿南想起了炼金师的教诲。

"没错！因此，没有什么'不应该'的，我们要做的，只是用一个对你比较有利的方式，去取代原来那个对你没有益处的反应方式。"渔夫补充道，然后话锋一转，他又说，"我跟你说个笑话。"阿南又惊又喜，洗耳恭听。

很久很久以前，有几个工人，在悬崖边帮一个很有钱的富翁盖房子。每天中午，三个工人会聚在一起吃从家里带来的午餐。

有一天，工人甲看了看饭盒里的菜，就说："又是腌萝卜，这个笨老婆！明天她还给我带这个腌萝卜，我就从这个悬崖跳下去。"

工人乙这时也开了饭盒，受到甲的负面情绪影响，他也抱怨："又是酱菜！明天要是我的笨老婆还给我带这个烂酱菜，我也要跳下去！"

工人丙不甘示弱，打开饭盒，看到了炒土豆，也说："明天我要是再带这个，我就跟你们一起跳！"

第二天，又到了中午时分，工人甲、乙、丙又聚在悬崖边吃中饭。工人甲打开饭盒，一看，又是腌萝卜，二话不说就跳下悬崖。工人乙小心地打开饭盒，一看，也还是酱菜，饭盒一盖就跳了下去。轮到工人丙了，他缓慢地打开饭盒，又是炒土豆，无话可说，当然也跳了下去。

在三个工人的葬礼上，三个寡妇泣不成声。

寡妇甲哭道："老公啊！你只要说一声，我就一定不再给你带腌萝卜了啊！你何必这样呢？"

寡妇乙也哭诉："你就交代一下就好了，何必这样送命呢？我怎么知道你那么痛恨酱菜？"

寡妇丙更是哭得上气不接下气，似乎最为悲痛，她厉声哭喊："老

公啊！我……我真不明白。每天，每天都是你自己准备饭盒的啊！"

　　阿南听了这个笑话，哈哈大笑了起来，渔夫也笑了，两个人捧着肚子笑了老半天，阿南笑得眼泪都流出来了。过了一会儿，渔夫说："我们不都和工人丙一样愚痴？明明知道不合适我们的东西（就像旧的信念），却放不开、抛不下，还抱持着不放。"阿南点头称是，抹去眼角的泪水。

　　"所以，"渔夫正色说，"既然过去的信念不适合我们了，我们就要根据现在我们是谁，同时，未来我们想要什么，而重新来设定我们的信念。"阿南一听，就用充满期待的眼神看着渔夫。渔夫说，"好！那你现在闭上眼睛，静默一会儿。"

　　经过父亲以前的调教和王子的密集训练，阿南很快就可以入定。不一会儿，他就进入了一个祥和宁静的天地，感觉渔夫的声音从很远的地方传过来。

19

用不同的角度来重新设定

欢乐的人生

随着时光、人事的变迁，过去的信念已经完全不适合我们了。我们要根据现在我们是谁，未来我们想要什么，重新来设定我们的信念。

"好！现在，回想一个令你感到自卑自怜、自哀自怨的情境，最好是小时候发生的。"渔夫的声音，好像来自对岸，"这个情境，造成了你当时一个特定的情绪反应，从此以后，你就用同样的方式，去回应你认为相同的情境。"

阿南这时进入了恍惚的状态，他依稀回到了童年时代，和一群死党跑到隔壁村子里去偷人家的玉米。几个孩子，贪玩儿嬉闹之心更甚于偷窃本身，但很不幸的是，阿南当场被逮个正着。阿南还记得玉米老爹当时愤怒的表情，眼里充满不屑和鄙夷。

"好啊！你是哪家的穷孩子？你家没钱，怨你爸去，跑来偷老子的玉米？你无可救药，将来长大一辈子也不会有出息！"玉米老爹憎恨而鄙视地看着阿南，还朝地上吐了一口口水！

遇见心想事成的自己

阿南也没有忘记，当玉米老爹把他带回家时，爸爸痛心失望的表情，还有邻居们同情加瞧不起的态度和眼神，让阿南觉得羞愧到了极点。从此，别人的一个眼神、一句不经意的话、一个无心的小动作，都会触动阿南这个伤口，让他觉得又受到轻视、被瞧不起，而感到自卑。

此刻，阿南就沉浸在这样的情绪里，他觉得胸口好痛、好闷，那种排山倒海而来的羞辱、自卑、自责，让他几乎难以承受了！这些都是他逃避了一辈子，不想去感受到的情绪。但是这次，他试着不去逃避，也不去抗拒，就只是和这些刺痛他要害的情绪在一起，试着把呼吸带到身上感到最难受的地方，轻轻抚慰那个部位涌流出来的、被压抑了多年的伤痛。

突然，阿南听到远处传来嬉笑声。是一群欢乐的人们，发自内心，由肚子深处笑出来的笑声。"哈哈哈！嘻嘻嘻！哈哈哈！"这些声音由远而近，欢乐的能量也逐渐靠近阿南。阿南感觉身体上有一些反应，好像有些细胞和这些高频率的、快乐的能量产生了共振，然后，不知不觉地，阿南的嘴角开始有了一丝微笑，这丝微笑逐渐放大，与阿南腹部中央一股升起的能量愈来愈相近，阿南忍不住也开始哈哈大笑起来。

这一笑不得了，阿南真的是放声大笑，笑得肚子一直在抖动，笑得在地下打滚。周围的笑声也愈来愈大、愈来愈近，阿南不由得睁开眼睛，看到周围有一群渔夫，每个人的笑脸都是那么诚恳，他们看着阿南，发自内心地与他一同欢笑，年轻的渔夫也在行列中，带着欣慰祝福的眼神，和众人一起分享这个本来就该属于我们大家的欢乐！

笑声渐渐停歇了之后，阿南赖在地上，感受身体里那股一波一波的能量，很奇妙的一种感受。过了许久，阿南坐起来，睁开眼睛，看到只剩下年轻的渔夫坐在他对面，满脸笑容地看着他。阿南搔搔头，问道："刚才发生了什么事？"说罢，自己又笑了起来，一种奇异的、新鲜的感觉。

渔夫笑着说："我们刚才帮你重新设定了你的一个模式呀！"

"是吗？"阿南说，"这个重新设定的方式真好玩！"

"是的！"渔夫恢复了一本正经，"我们只是帮助你看见，你从小采用的惯性反应模式是可以改变的。每当有人带着轻蔑的眼光看着你的时候，你可以感觉羞辱、自卑，你也可以觉得好玩、可笑，不是吗？"

阿南想想，是啊，他每次反应的方式都是一样的，为什么从来没有想过试着用别种方式来应对呢？而且更奇怪的是，他愈是害怕别人轻视他，反而好像还会更容易看到别人瞧不起他、鄙视他。他对渔夫提出了他的疑问。

"没错！因为凡是你聚焦之处……"

阿南接口："它的能量就会增长。"

"对！而且，也许别人本来并没有那个意思的，都会被你曲解成人家瞧不起你、看轻你！"渔夫补充。

遇见心想事成的自己

> 凡是你抗拒的事情，它的能量都会因为你的抗拒而增强，形成一个像钩子一样的东西，从你的周围招引这些事情来到你的生命中。

"还有没有一种可能是，"阿南也提出他的看法，"因为我很抗拒、排斥这种事情，所以我身上会带着害怕被人藐视的能量，这反而会招来更多这类的事情？"

"当然！"渔夫很高兴阿南能够举一反三，"凡是你抗拒的事情，它的能量都会因为你的抗拒而增强，形成一个像钩子一样的东西，从你的周围招引这些事情来到你的生命中。如果能够慢慢解除你的人生模式，你的生命能量就会很顺畅，"渔夫摆了一个武功高手的招式，"就像武侠小说当中的高人一般，你的全身经脉就会被打通了！"

然后，渔夫轻松愉快地拍了拍阿南的肩膀："不要把人生看得那么严肃和认真，加一点儿幽默感，你的日子会更好过的！呵呵！"

阿南沉思了一会儿，抬头一看，太阳已经日正当中了，心想不好意思耽误渔夫打鱼了。于是他站起身来，准备要告辞，突然心念一动，问了一句："你学过心想事成的秘密吗？"

渔夫听了，哈哈一笑："没有！你看我需要吗？每天早上，我在湖边和朋友聊天、打鱼，中午回家吃饭，和老婆睡个午觉，晒晒太阳，做做家里的活儿，傍晚孩子回来，全家享受天伦之乐。我还有什么好求的？"

阿南一听，好不熟悉："哦！你就是王子说的那个曾经想要建造远洋渔队的渔夫！"

渔夫一怔，又哈哈一笑，有点儿害羞："是啊！他老喜欢说我的故事。你看我，"渔夫摊开双手，"我全身经脉被王子打通了以后，就已经是处处心想事成了啊！像我这样，还有什么能让我更快活？"

阿南点头称是，满脸羡慕的表情，渔夫又拍了拍阿南的肩膀，安慰他："你也可以。只要你用心去觉察，多静坐，慢慢地，这些人生模式对你的制约就不会那么强烈了。"渔夫歪头想了一下，"你沿着湖边向北走走，那里有一个比较热闹的城镇，你会碰到更多贵人，帮助你打通七经八脉。"

阿南向渔夫再三道谢，然后继续他的旅程。

20
打破因循的模式
先泻再补的原理

每个人的人生模式都是经过长年累月的习惯养成的，我们在不知不觉中按照它的方式过生活，想要破除这个因循的模式，就一定要出奇招去转化它！

阿南继续往前走，果然来到了一个热闹的市镇。他吃了个大饼，在镇上到处走走看看。走到了一个卖铁器的铺子，他看到打铁匠正在辛苦地工作。

吸引阿南的是铁匠这个人散发出来的能量，他非常认真地把铁片原料放入高温的火炉中燃烧，然后开始敲打。敲打完之后，他看看自己的作品，不满意地摇摇头，但是会突然好像想起来什么似的，用他套在左手上的一条粗皮筋打自己一下。打完之后，温柔地揉揉刚才打痛的地方，又开心地笑笑，然后继续工作。

阿南专心地看他完成一件成品，忍不住上去和他说话。

"你好！"阿南有礼貌地问候。

铁匠看了他一眼，不发一语地把刚做好的东西拿到铺子后面去。

要是以前的话，阿南一定又会自惭形秽地走开，懊恼很久。这次，阿南心中升起的感觉是好笑，然后继续耐心地等待铁匠回来。

铁匠回来，看到阿南还站在他铺子门口，忍不住说："小伙子，我跟你说我不买你的牛，请你别耽误我做事好吗？"

阿南一听，真的笑了，然后说："对不起，我不是卖牛的。我只是对你很好奇，想跟你聊聊。我在王子那里……"

一听到王子，铁匠赶忙丢下手里的活儿，招呼阿南说："对不起啊！有个小伙子天天来卖他的牛，我被他缠得烦死了，刚才没看清，真不好意思。"看看阿南，铁匠说，"小伙子，你要问什么？"

阿南说："你刚才工作到一半，为什么要拿皮筋打自己一下呢？"

铁匠低头看了一下自己手上的皮筋，笑着说："呵呵！这是我自我提醒的工具。每当我脑子里又有不好的念头升起，被我发现的话，就用皮筋打自己一下，然后赶快用一个好的念头来修正。"

阿南问："你也是在试着解除人生的模式吗？"

铁匠听了，又是一笑："可以这么说吧！我的人生模式之一就是觉得我自己不够好，老做不好事。"

阿南接口："那么，刚才你就是看到自己的作品不满意，又触动了人生的模式，所以才打自己吗？"

铁匠回答"是啊！你看，我的作品有的时候是没办法达到我的理想，可是我的脑袋却不放过我。竟然说我是失败者，一辈子都不会有出

息，你做的东西没人喜欢、没人买！"

"有那么严重吗？"阿南皱着眉头，同情地问。

"当然没有那么严重。这就是我致命的模式所在，只要有不好的事情发生，就立刻归咎到自己身上，而且马上下一个很严重的结论。所以，每次它这样说的时候，我就拿皮筋打它，然后用正面的想法来取代它。哈哈！"铁匠解释。

"这是什么理论啊？"阿南不懂。

"我也不是很清楚，王子教导能解除人生模式的方法有很多种，我没读过书，不识字，脑袋很简单。他们那些文绉绉的方法对我不管用。"铁匠有点儿不好意思地解释，"而且我是个干活儿的粗人，每天就是做些体力活儿，身体感觉比较发达，他们就教我用这个方法，说最适合我。"

"那效果怎么样呢？"阿南虽然觉得还是不太懂这样做的原理，可是又好奇它的效果。

"好！好得不得了！一开始，我过一会儿就得打自己一次，现在一个时辰顶多一两次，次数愈来愈少，刚才是不小心被你看到的啊！呵呵！"铁匠又咧开嘴笑，"而且，对我最有帮助的教导就是，不要把人生看得那么严肃、那么认真。想想也是，我从此就开心多啦！"

阿南看他开心的样子，忍不住也笑了。铁匠看看他，说："你看！一会儿天就要黑了。你不如上理想书院的程老师那里求宿一晚，他是很有智慧的人，会教授你更多的东西的。"说罢，他就为阿南指路。阿南心想，赶快趁天黑前去拜访程老师吧，所以也不久留了，开心地辞别铁匠，继续他的旅程。

阿南照着铁匠的指示走了几条街之后，果然来到一个绿树成荫的大院前，看到大门匾额上面写着"理想书院"，阿南就走上前去，敲了敲门。一个书童样的小厮开了门，问明是来见程老师，也不多问，就带阿南上客厅。阿南坐了一会儿，看到墙上贴着都是诗词书画，看来程老师真是个有学问的人。

听到咳嗽声，阿南连忙转身，看到一个留着山羊胡子的老先生进门来，赶紧上前问安。"你好！程老师，我是一位铁匠介绍来的。"阿南不好意思再提王子，免得老师的礼数太隆重。

"呵呵呵！"程老师痛快地笑着，"又是铁匠指引来的？好好好！没问题。"

他看阿南一身打扮就知道是外地人，于是说："你今晚就在此过一宿吧！还没吃晚饭吧？来来来，我们正要吃饭，希望你不嫌粗茶淡饭就好！"

阿南连忙说："哪儿敢！多谢！多谢！"说毕，程老师带阿南进入另一个小厅，桌上摆着几盘简单的小菜，程老师招呼阿南坐下，自己就开始大吃起来。

阿南一面拘谨地吃着，一面忍不住好奇地问："铁匠在做的解除

人生模式的方法，很特别啊！"

程老师听了，笑笑说："是啊！我们的人生模式是经过长年累月的习惯养成的，每天我们是在不知不觉中按照它的方式过生活。想要破除这个因循的模式，就一定要出奇招！"

阿南听得睁大了眼睛，程老师看到阿南兴趣浓厚，讲得就更起劲儿了。

"我们人是习惯性动物，而且都是趋乐避苦的。所以用皮筋打肉的方式，可以在我们身体上留下一个印记，痛苦的印记，这样就打断了我们习惯性的思考和行为，久而久之，我们不该想的事情就不会去想啦！"

阿南一拍大腿："真妙！"

程老师张着嘴笑："是啊！尤其是像铁匠这种靠身体劳力干活儿的人，这种直接的肉体震撼法，最有效果！呵呵！"

程老师又突然想起了什么，补充说明："不过，痛过以后，要用一个正面的想法去补它，这样效果最好！"

阿南听了就说："这就是先泻再补的原理吧！"

一老一少一起笑了起来。程老师说："看来你对这方面的东西很有兴趣，今天晚了，明早我们再聊吧！"说罢，差小厮带阿南入厢房梳洗休息。

21

全然接受你的负面情绪
释放情绪的模式

　　阻塞在我们身体里的负面情绪，会发出一定的振动频率，吸引同频的事物来到我们的生命中，让我们持续产生相同的情绪能量。

　　第二天一大早，阿南就兴冲冲地起身，走到院子里一看，程老师已经在打太极拳了。阿南恭敬地守候在一旁，欣赏程老师行云流水般的拳术。打完了一套拳，程老师已经满头是汗了，看到阿南，很高兴地和他坐在院子里聊天。

　　得知阿南此刻的状况和此行的任务之后，程老师热心地说："好！咱们先吃两个馒头，然后，我再好好教你几招。"阿南高兴得很，恨不得立刻向程老师学习，饭都甭吃了。

　　塞了两个大馒头以后，阿南满是期待地看着程老师。程老师低头思索一会儿，开口就说："我们的人生模式，之所以会一再重复出现，其实是有一个情绪的需求在驱使的。"

　　阿南一脸"愿闻其详"的表情。

遇见心想事成的自己

"这种情绪是长年累月的压抑累积造成的，在你身体里成为一种窒碍不通的能量。"程老师又思索半天，寻找适当的词汇来表达抽象的概念，"这种能量阻塞在你的身体里，会发出一定的振动频率，吸引同频的事物来到你的生命中，让你持续产生相同的情绪能量，有一点像一种瘾头似的，需要同频率的能量来滋养它。"

阿南努力回想自己生命中，究竟有哪些这种"上瘾"的情绪。

"我那些不够好、自卑、自怜的情绪，"阿南想，"还有自责、愧疚，好像也是经常发生的。对这些情绪上瘾，多可怕啊！"

阿南以求救的眼神看着程老师。

程老师点点头，接着说："所以，想要避免类似的事情一再发生，和同样的情绪一再出现，你首先要做的就是，当那种情绪出现的时候，不但全然地去经历它，更要努力地释放它，让它不在你的身体里继续累积。"他单刀直入地问阿南，"有哪一种情绪是最困扰你的？而且常常发生的？"

阿南思索了一会儿，很快地回答："自责、歉疚的情绪。"

"所以你常常感到歉疚和自责吗？"程老师问。

"是的。"阿南承认。

"好！"程老师也痛快地说，"那我们就开始吧！首先，闭上眼睛，想象最近发生的一件让你感到无比歉疚和自责的事。"

阿南无须多想，大叔、阿秀、阿娇还有妈妈、姐姐的脸孔立刻浮现在眼前。

"好！你试着把这个情绪，就是那种自责的感觉扩大开来，让它逐渐增强，愈来愈壮大，好好地去感受它，跟它在一起。"程老师看着阿南的脸上出现了痛苦的表情。

"很好！就是这样！不要去逃避，深刻地、全然地去感受它。"

阿南开始呼吸急促，坐都坐不稳了。

"好！现在请你找到自己身上有一个与这个情绪相对应的部位，看看你的身体是哪里不对劲儿，然后把那个不舒服的感觉也扩大，最好用手去轻轻地碰触它。"

阿南这个时候开始大口喘气，他想到阿秀可能当场就被官兵杀害，而大叔和阿娇可能也难逃毒手。

阿南的痛苦情绪高涨，自责、歉疚到了极点，他觉得自己的喉咙好像被卡住了，无法呼吸，于是用手去护着自己的喉咙。

程老师的声音从遥远的地方传进阿南的耳朵："这个情绪对你有帮助吗？"

阿南痛苦地摇摇头。

"对事情的发展有帮助吗？"

阿南再度痛苦地摇头。

"你喜欢这种感觉吗？回答我！"

阿南嘶哑地说："不——喜——欢！"

遇见心想事成的自己

"但你可以允许它的存在吗？"阿南停顿了好一会儿，才下定决心说："可以。我可以允许它的存在。"

程老师满意地点点头："那你想放下这种情绪吗？"

阿南回答："是的。"

"你想放下这种情绪吗？"

阿南点点头。

"你是真的非常愿意放下它吗？"

阿南更加用力地点头。

"什么时候放下呢？"程老师问，"如果是现在的话，请宣告出来：我选择此刻去接纳它，并且把它放下！"

阿南停了一会儿，大声地说："我选择此刻去接纳它，并且把它放下！"

"好！"程老师中气十足地为阿南加油，"你准备好的时候，吸一口气，然后呼气的时候，就大声地喊'啊'，让这个情绪在你的喊叫中释放出来。"

"准备好了吗？"

当我们不与负面情绪抗衡，反而是去接受它或是允许它存在的时候，就等于去消融了冰山的那一角，这样冰山就逐渐融化了。

阿南点点头。

"吸气，然后——吐气！"

阿南真的用尽了全身的力气大喊。程老师指示他再重复吸气——吐气——喊叫的动作两次，阿南也照做了。

"好！"程老师很满意，告诉阿南，"现在带着微笑，深吸一口气，呼气的时候放松下来。慢慢地睁开眼睛，然后告诉自己，现在这一刻是多么美好！"

阿南睁开眼睛，看到的是——初冬的阳光恣意洒在院子里的绿树上，微风徐徐吹来，远处还有鸟叫声，的确，此刻是那么美好！

阿南嘴角带着微笑，看看程老师，他也回报以微笑。

停了半晌，程老师缓缓开口："这个情绪对你有什么好处？能为你做什么？对你和其他的人有帮助吗？"

阿南黯然地摇摇头。

"可是，"程老师说，"你会一直抱持着它不放，除了因为它是一个你习惯的情绪模式之外，还有什么好处？"

阿南想想，突然看到自己为什么任由自责悔恨的情绪折磨的理由："因为，如果我痛苦的话，就好像比较对得起那些因我而受害的人。"

"没错！"程老师赞赏地说，"这也是一个你不自觉而且不理性的理由，不是吗？"

阿南点点头。的确，用折磨自己的方式来减少自己的愧疚，实在

遇见心想事成的自己

是不太有建设性的行为。

程老师拍拍阿南的肩膀："刚才我们做的步骤，可以一再重复，直到你觉得没有任何残留的情绪为止。"

"我自己做？"阿南不解地问。

"是啊！你可以自问自答啊！每次有负面情绪升起的时候，都可以按照这个方式来释放。记住，在放下它之前，一定先要接纳它，允许它的存在。如果当时觉得无法放下，也不要勉强，就先和这个情绪共处于当下。"程老师以鼓励的眼神看着阿南，"这样，过了一段时间，你原来累积的情绪负荷，就会逐渐瓦解，最后对你不再起任何作用了。"

"好！我会努力去做。"阿南承诺。

阿南在程老师的学院停留了好几天，每天跟程老师学习各种不同的理论、知识，真是非常开心。程老师也很高兴有阿南这样肯学又上进的年轻人陪伴着他，一老一少，每天嘻嘻哈哈地十分快乐。

但是最后，阿南实在不好意思再继续叨扰了，只好说："程老师，我还约了别人，我真的得告辞了！"

程老师促狭地说："约了人？不会是理想钱庄的钱老板吧？哈哈！代我向他问好！这家伙，嗯！有意思，有意思。"说完摸摸他的山羊胡须。

这倒激起了阿南的兴趣，辞别了程老师，他胡乱买了几个包子充饥，探听到了理想钱庄的位置，准备去拜访那位"有意思"的钱老板。

22

为旧信念换上新衣服

成功是一种习惯

我们的旧信念，就像旧衣服一样，过时了、破旧了，应该用新的信念，也就是对你更有利的信念来取代它们。

阿南来到了理想钱庄，在门口探头探脑时，出来一个富富态态的中年人，问阿南："你找谁啊？"

阿南搔搔头："我找……嗯……钱老板。程老师让我问候他。"

中年人哈哈一笑："就是我啊！进来坐吧。"他让阿南入座并且奉茶。阿南赶忙称谢。

钱老板也入座后，笑嘻嘻地问阿南："小伙子，程老师要你来跟我学做买卖吗？没问题，我教你。"

阿南赶忙摇手说："不是，不是，我对做买卖没兴趣。"

"哦！"钱老板仔细端详阿南，开门见山就问，"你家很穷吧？"

阿南窘迫地回答："嗯，是不富有。"

"嗯！你努力尝试过赚钱吗？"钱老板问。

遇见心想事成的自己

"嗯，试过，可是总不太成功。"阿南已经面红耳赤了。他从小家里就很穷，长大后，阿南也试着多方想要开辟家里的财源，可是总不成功。家中唯一收入还是靠那亩田。

"你对金钱的看法是什么？"钱老板还是不放过他。

"钱，嗯，其实，"阿南突然挺起胸膛，"一点儿也不重要！"

"哦！"钱老板饶有兴味地看着阿南，"为啥不重要啊？"

"比起健康、人际关系、家庭，还有爱情，钱实在不算什么！"阿南振振有词。

"哈！哈！哈！"钱老板笑得好不开心。阿南不明所以，愣愣地看着钱老板。

钱老板笑了好一阵子，这才停歇下来。看着阿南："既然是程老师让你来的，那么你应该有一定的基础了。你知道万事万物都是能量组成的吧？"

阿南觉得这个话题转得太快了，一下子适应不过来，不过还是迟疑地点点头。

"所以，金钱也是一种能量。健康、人际关系、家庭等，也都是能量。"钱老板笑得太厉害了，眼角还有一点儿泪水，"如果你说你的家人不重要，或是你的朋友不重要，他们会怎么对待你？"

阿南倒没有想过，因为他一向重视家庭、朋友。"这……嗯……他们大概会很不高兴吧！"

“迟早他们也会离开你吧？因为你不重视他们。”钱老板问。

“是的，是会这样。”阿南承认。

“钱也一样啊！钱不过是种能量，你觉得它不重要，甚至有点儿鄙视它，它怎么可能会来到你身边呢？”钱老板说。

对啊！阿南从来没有这样想过。

“钱是一种能量，和朋友、家人，或是你的健康一样，都是需要你去经营的。天下哪有不劳而获的事？”钱老板对阿南晓以大义。

阿南沉思不语，他以前对金钱可能是又爱又恨，得不到了，就干脆说它不重要。而愈是说它不重要，好比愈是把它推走。

钱老板又出题了：“告诉我你的金钱观。”

“嗯？”阿南不太懂什么是“金钱观”。

“就是你对金钱的看法，还有你对有钱人的观点。”钱老板看看阿南，“好！如果我说到钱，很多钱，你想到什么？”

“嗯，我觉得……钱会腐化一个人，很多罪恶都与钱有关……而且，赚钱很辛苦，要付出很多代价。”阿南看到钱老板不知道从哪里找来了纸和笔，居然一本正经地把阿南说的写下来。

“所以你下意识里排斥金钱。”钱老板下了结论。

阿南不好意思搔搔头：“可能是吧！”

“哈哈！那金钱就更不可能来找你啦！”钱老板摇头，“那么，你对有钱人的看法呢？”

如果你认为，你要的东西非到手不可，其实
你是在推开这个东西。

阿南看看钱老板，说不出口。

"没关系，百无禁忌哦！就直观地说出你对有钱人的想法，我不会认为它是针对我个人的。"钱老板安抚阿南。

"嗯……有钱人都不太善良，也不快乐，而且，而且有时候会用不正当的手段赚钱。"阿南愈说愈心虚，眼睛不敢看钱老板。

"呵呵！好！好！难怪一辈子你都无法成为有钱人。"钱老板完全不以为忤，一边快速地把阿南说的记下来。阿南说完了，不好意思地看着钱老板。

钱老板低头看他抄下来的东西，一面笑着说："这些旧的信念啊，就像你的旧衣服一样，都过时了，破旧了。应该用新的信念，也就

遇见心想事成的自己

是对你更有利的信念来取代它们。因为它们不过就是些思想罢了，何必抱持着不放？"接着，钱老板的脸色转为严肃，认真地告诉阿南，"成功是一种习惯，失败和平庸也不过是一种习惯。你要看到自己的不良习惯，然后下定决心去转变它们。"

阿南受到了鼓励，坐直了身子，眼睛发亮地看着钱老板。

"真正的勇者，是能够征服自己的人。这才叫做真正的胜利。"钱老板继续鼓舞阿南。

"好！"钱老板看到阿南能量的变化，知道这个小伙子有心求好，于是说，"我们现在来为你的旧信念换上新衣服。我来说说你这些信念，你来反驳我！"

"啊！"阿南吃了一惊，不知道钱老板葫芦里卖的是什么药。

"我会一项一项说出你的这些旧信念，"钱老板耐心地解释，"你提出不一样的观点来驳斥它们。"说完，不管阿南懂不懂，钱老板就说，"钱不重要！"然后抬起头带着挑战的眼光看着阿南。

阿南迟疑了半晌，开始说："钱很重要。它不是万能的，但是没有钱却万万不能。"这句话阿南以前就听过，可是那个时候他没有采信，也就是说，没有把它纳入自己的信念之中。现在阿南决定采取不同的观点，"有了钱，你可以过更好的生活，让你所爱的人也过得更好，同时，可以帮助更多穷苦的人，做更多的好事。"

钱老板满意地点点头，低头又继续念："钱是罪恶的，有了钱会腐化一个人。"

阿南低头想想，又坚定地说："钱只是工具，看你怎么用它。有了钱以后，一个人的本性会因为钱而扩大，也就是说，善良的人会拿钱做很多好事，心术不正的人拿了钱就会沉沦，但是这与金钱本身无关。"阿南好像开了窍似的，观点源源不绝。

"有钱人都不善良，不快乐，手段不正当。"钱老板语带讥讽地念着。

"这只是你偏狭的观点而已。我也看到很多善良、快乐而且通过正当经营赚了很多钱的有钱人。"阿南用手指了指钱老板，他想起来其实程老师也算有钱人呢，他也是很快乐、很善良的。可见得这些观念只是阿南从小不知道从哪里得来的观点，从此紧抓不放，从来没有去挑战、检视它们。但是这些想法的威力却无穷，如果不去检视并校正的话，真会影响自己一生的！

23

这些垃圾从哪儿来的?

自问自答修正法

只要你在抱怨,不管是口头上抱怨或是心理上沉默地抗议,多少都是受害者的心理在作祟,抱怨是最无效,也是对我们成长最没有帮助的行为。

对于阿南的对答如流,钱老板很满意地让他过关,然后说:"你看!这些信念,已经成了你人生中的背景噪音,你平时觉察不出来它们的存在。有些人去搞什么心想事成,但是如果不先检视和修正你内心深处这些潜藏的信念的话,就像双头马车,各拉一个方向,不管用的啊!"

阿南若有所悟地点点头,突然想起来一个重要的问题:"我这些信念是怎么来的呀?"

钱老板笑笑,像是嘉许阿南的用心:"这些信念,基本上是你小时候耳濡目染,还有因为一些特定的事件的发生而形成的。"

看到阿南皱起了眉头,钱老板进一步解释:"所谓耳濡目染,就是你在周遭的环境中,看到了什么,听到了什么,然后加以吸收消化的结果。至于每个人吸收消化的过程,就跟各人天生的个性,和他看事情的角度有关啦！"

接着，钱老板让阿南回想一下小时候家人对金钱的态度。阿南的父亲其实是读过书的人，但是有点儿怀才不遇，所以选择务农为生，基本上对金钱的态度就是"鄙视"。这种态度当然影响了阿南，如果不加以修正的话，阿南此生大概都与金钱无缘了。

钱老板接着说："但是，有些人是采取逆向操作的。比方说，他的父母极其节俭，但是他会选择叛逆而行，变成一个挥霍成性的人。当然，"钱老板解释，"这就是我刚才说的，每个人吸收消化过程的不同。"然后钱老板又要阿南回想一下，有关对于金钱的态度，在他小时候有没有发生过什么令他印象特别深刻的事。

阿南仔细地回想小时候，在阿南五六岁那年，他正在田地里和阿信玩儿泥巴，村里来了一顶漂亮的八人大轿，轿上的漆刷得特别亮眼。阿南和阿信好奇地过去看热闹，忍不住用泥巴小手摸摸那顶轿子。轿上刚好下来个脑满肠肥的有钱员外，看到两个泥巴孩子在摸轿子，给他们一人一记大巴掌，叫他们滚蛋。

阿南当时觉得很委屈，当然也种下了自卑的种子，而他另一个深刻的印象是："有钱人都不是好东西，都不善良！"可是阿南也记得，阿信当时的反应就不一样，阿信用手摸着自己红肿的脸颊，眼睛充满羡慕的眼光看着员外，嘴上说着："哇！有钱人真神气，可以坐这么好的轿子。"

所谓耳濡目染，就是你在周遭的环境中，看到了
什么，听到了什么，然后加以吸收消化的结果。

阿南告诉了钱老板这段往事，钱老板听了直笑，问："后来阿信
怎么样了啊？"阿南想起来那次回去接公主的时候，刚好在城外碰到儿
时玩伴阿信，阿信这些年来积极地到外地做买卖，来回奔波。阿南听乡
亲说，阿信这几年是发了，生意愈做愈大，财源广进。

钱老板看看阿南，说："这就是了。你们碰到同样的事情，但是由于消化吸收的过程不同，在当时你们各自在心里作了一个决定，也影响了你们两人未来的一生。"

阿南低头不语，过了一会儿，他抬头看看钱老板，问道："我们每个人小时候都碰过很多事情，当时可能也都作了一个不是很正确的决定，同时又耳濡目染了很多观念，这些怎么可能一个一个去对治、去除呢？"

钱老板一笑，说道："很简单。不需要一个一个去对治，只要你心想事不成的时候，就知道是有旧信念在阻挠你啦，这时你就可以针对那件事情，检视你对它的信念。然后用我刚才和你做的步骤去做就可以啦！"

"是自问自答吗？"阿南问。

"你也可以写下来，然后写出你的新观点来驳斥原来的旧观点啊！"钱老板又补充说，"当然，人的旧有模式行之有年，不可能一朝一夕就消除。你必须不断努力，像用静默冥想来培养觉察的能力，用其他各种方法来重新设定你的信念，你一路上也学了不少吧！"

阿南点点头，又低头沉思了一阵，再度问道："所以，'心想事成'应该是我们与生俱来的能力吧？就是因为太多不正确或是不适合我们的信念从中作梗，所以无法每个人都实现他的梦想，是吗？"

钱老板欣慰地看着阿南："的确是这样！你这小子，资质不错，人又老实，不如留下来当我的助手吧！我这儿正缺人呢！我可以从头教你怎样做买卖、赚大钱！"

遇见心想事成的自己

阿南感激地看着钱老板："感谢你这么看重我，可是我还有一件事心愿未了，如果能够顺利解决，而机缘又到了的话，我十分愿意受教于你，好好跟你学习！"说完拱手作揖，就准备要离去。钱老板看到阿南说得诚恳，知道再挽留也没用，但是还是让阿南再留宿几天，两个忘年之交谈得十分投缘。

直到阿南觉得实在打扰太多天了，而且挂心家里的事，再三请辞，钱老板依依不舍地放人，临行前交代再三，等阿南办完了事，一定要再来找他。阿南辞别钱老板，依依不舍地离去。离开时，阿南非常纳闷儿，原来自己对有钱人的印象真的是不太好，没想到短短几天内，竟然和一个有钱人成为好友，人生真是太奇妙啦！

阿南辞别了钱老板，又踏上了旅途。他觉得此行已经非常丰富了，有好多心得可以回去跟王子分享讨论。当然，他记挂的还是大叔一家的安危，还有家人的状况。所以，阿南就急急地想赶回王子的山洞去。

愈着急赶路，愈是迷路，眼看日上三竿了，走的路却愈来愈陌生。正着急时，看见路旁有个农家女正快乐地晒着一家人的衣裳，阿南决定去打听一下。

24

走出受害者模式
让理性与感性平衡的技巧

> 我们都是这个世界舞台上的演员，每个人都在照剧
> 本演出自己的角色，所以我们都是无明和无知的。但如
> 果你从事灵性成长并培养出了觉知和觉察的能力，你就
> 可以超越剧本，演出你自己想要的人生，这才是真正的
> 心想事成。

"请问，你知不知道王子的山洞在哪里？"阿南问。

农家女抬起头，看到阿南，圆圆的大眼睛笑成一弯月牙儿，令阿南想起了一个人。

"王子的山洞，我知道啊，不过，你找王子什么事呢？"

阿南真不知道该怎么回答，只好简单说明了一下与王子相遇的经过，以及这次离开王子出游的目的。

农家女静静地听着，最后笑着说："那你真是来对了地方。我就是你该遇见的第五个人。"

阿南一听大喜，连忙请教农家女："你还有什么解除人生模式的好方法吗？"

农家女点点头，示意阿南坐在她家院子的木头椅子上，然后就打

遇见心想事成的自己

开了话匣子：

"我从小出生在一个很富有的家庭，我的父亲原来是个富家子弟，所以我小时候受过很好的教育，家庭环境非常优渥。但是我父亲生性爱赌，最后不但输光了家产，还跟一个女人跑了，丢下我妈和四个小孩。

"我妈也是个娇生惯养的富家女，可惜她家也是家道中落，再加上所托非人，从此一蹶不振。她每日酗酒度日，我的大哥、大姐从小就得去乞食和打零工，回家来喂饱我和弟弟。我的母亲没有一天不咬牙切齿地埋怨我父亲，她这种受害者心态和情结，影响了我，也成为我的人生模式。"

说到这里，农家女停下来看看有点困惑的阿南，阿南不好意思地问："什么是'受害者模式'啊？"

"受害者的角色，就是不为自己生命中的任何事情负责，只会责怪别人，把所有的责任都推到别人身上。如果有什么该做但是做不到的，就会说：没办法，我就是这样。受害者会不停地抱怨，怨天尤人，充满无力感。都是别人害他变成这样的，他没有办法。"

农家女说到这里，温柔地看着阿南："其实，我们每个人在生活当中，或多或少都会成为受害者，只要你在抱怨，不管是口头上抱怨出声，或是心理上沉默地抗议，多少都是受害者心态在作祟。"阿南明白了，点点头。农家女看着远处正在嬉戏的小狗，继续述说自己的故事：

"我长大以后，也是一直有怨天尤人的心态。结婚之后，整天就担心丈夫变心，而我的老公，当然不负我之'所望'，爱上了别人，跑了！我带着两个年幼的孩子，准备投湖自杀，因为我认为都是我老公害的，我要他一辈子都不好过。

"就在我准备投身入湖的时候，王子出现了。他睿智的话语和一针见血的见解，令我折服。我开始每天去探访他，聆听他的教诲。但是，即使听了很多道理，也是心悦诚服，然而，我的旧有模式太强烈了，常常还是对周围的人事物有怨怼的想法，觉得事情都是冲着我来的，人家都是来找我麻烦的，我真可怜，每次都被人家欺侮或是陷害。

"最后，王子使出了绝招，让我用一种方法来试试看，这个方法很神奇，好像巫术一样，但是的确有效。"

阿南听到这里，已经心痒难搔了，迫不及待地希望农家女快点儿教他这个方法。农家女看到阿南的猴急相，也觉得好笑。但她还是缓缓说来："这个方法能用来平衡你的理性中心和感情中心。我们的头脑代表理性，但情绪是感情用事的，两者必须平衡。所以，它的设计是从你的眼睛、耳朵、身体和心灵的四个层面着手，把你想要的正面信念，带入你意识的深处，取代原有的旧模式。"

说罢，农家女站起来，两个手臂伸直向前，十指相扣，但是她的两个大拇指并不交叉，而是一同向上。然后她开始用手臂画8，从左下角开始，向右上方开始画8字，在8中心点的时候，手臂是向上画，而不是向下。农家女这样一边画字，眼睛还盯着大拇指看，头保持不动，身

遇见心想事成的自己

体还是挺直的，嘴巴一边大声地说："我为我的幸福快乐负责。"她持续了大约三十秒钟，然后告诉阿南，"这个动作是让你的'视觉'参与到你信念的调整过程中。"

接着她又进行了第二个动作。她的右手放在右耳上，左手放左耳，从上到下用拇指和食指按摩耳朵的边缘，而且重复地说："我为我的幸福快乐负责。"也是三十秒，"这个动作是让你的'听觉'感受到你说的正面信念。"

然后，她站立着，两支手臂打开向上，在手肘处弯曲。然后她用右手肘，去碰触抬高的左膝盖，身体自然向左侧转，回到原位后，再用左手肘去碰触抬高的右膝盖，身体自然向右侧转。她的动作轻柔缓慢，嘴里还是说着："我为我的幸福快乐负责。"也是三十秒，"这个动作是利用你的动觉、动感、把正面信念植入你的身体、潜意识之中。"农家女补充。

最后，她把两只手掌叠放在心口上，让手心可以感受到说话时声音在胸腔的振荡。农家女闭上了眼睛，虔诚地说："我为我的幸福快乐负责。"也是持续三十秒。最后农家女又说："这个动作可以让你的灵魂，你的心，感受到正面信念的力量。"

[注] 这几个动作是我在《有钱人和你想的不一样》作者教授的密集课程中学来的，它是以神经语言程式学（NLP）的原理发展出来帮助平衡左脑和右脑的方法，为的是把我们希望重新设定的好信念，借由更多感官的参与和身体的动作，深植入我们的潜意识当中。也许你会觉得怪怪的，有点可笑，可是，如果你说你想要快乐（或是想要财富，或是解除一个让你很痛苦的制约），但是连这个简单而且不需要被别人看到的动作都不愿意做的话，可能你追求解脱的意愿还不是很强烈。我自己试过很多次，每次做完都觉得轻松愉快。

遇见心想事成的自己

152

农家女做完以后，睁开眼睛，看到瞠目结舌的阿南。

阿南忍不住问道："这是哪门子的功法啊？"

农家女笑笑说："看起来是很怪哦？我不是说了嘛！它是从你的眼睛、耳朵、身体和心灵的层面着手，把正面的信念深深地种入它们之内。这样，你就不会产生身不由己的痛苦啦！这是一种调和我们表意识和潜意识的方法。"

"可是，可是……"阿南还是觉得无法接受。

农家女说："做一些没有人看得到的奇怪动作，可以化解你最顽固的人生模式，你有什么损失？"然后她又掩着嘴笑，"搞不好，你的人生模式之一就是，宁可不快乐，也不要做一些奇怪的事吧，呵呵！"

阿南一听，也对啊！和内在的自由与快乐相比，做一些自己不习惯的事情又有何妨？当下茅塞顿开，准备辞别农家女。临行前，农家女特别交代："记住，这个方式是当你真心相信你应该为你的幸福快乐负责，或是至少在头脑层面，也就是意识上同意你说的正面语句的时候，才会有效。这个法子是让你头脑认可的东西，能够深入到你的潜意识中。如果在头脑层面你就不相信的话，做起来就没用了哦！"阿南再三谢过农家女，就向着她指引的王子山洞的方向行进了。

25

心想事成的捷径

短短的祈祷词

> 人就是这样，常常为自己设定一个"外在"目标，拼死拼活地想要达到，却忘记了与自己"内在"真实的声音连接沟通，最后反而造成矛盾，有时收手都来不及了。

王子远远地就看到阿南的身影了，而阿南最后几步几乎是狂奔着朝王子的方向快跑过去。王子看到几天不见的阿南脸上多了祥和、成熟的神韵，感到非常安慰。阿南则是殷切地期待王子告诉他最新的消息。

两个人又像往常一样，在大石头上坐定。王子带着愉悦的眼神，有点儿揶揄地看着阿南："要先听好消息还是先听坏消息？"阿南心一沉，先作好最坏的打算，此刻他又感觉到自责、歉疚，甚至恐惧的情绪从他的小腹下直直升起，他把注意力带到那里去观察它们，眼睛一闭上，也不理王子了。

王子非常欣慰地笑，静静守着阿南，看他处理自己的情绪。过了一会儿，阿南张开眼睛，就说："先听好消息吧！"

王子笑笑："好消息就是，大叔一家人和你家人都平安无事。"

遇见心想事成的自己

看到阿南如释重负的表情，王子也为他高兴，"你担心的阿信，根本没有去通风报信，所以达非国王根本不知道是谁掳走公主的。你的家人很为你担心，不过我的人已经告诉他们你安然无恙，迟早会回去探望他们。"

阿南心中的一块大石头放下，呼出一口气，觉得身上的气都顺多了。

"至于大叔一家，是被关在牢里一段时间。"阿南一听，脸色又黯然，低头不语，"但是甚美国和山城国并没有开战，因为睿智的宰相和冰雪聪明的公主从中调停，最后有了一个皆大欢喜的结果，两国结盟，互为友邦。"阿南点点头，知道宰相和公主的厉害。

"公主后来为了寻找你，就循线找到了关在牢里的阿秀一家人，好心的公主当然都把他们放出来啦！"

阿南抬头问："公主找我？"

"是呀！"王子笑得更开心了，"这就是我说的坏消息，呵呵！公主要实践她的诺言。"

"什……什么诺言？"阿南的声音都有点儿颤抖了。

"谁找到了秘密就嫁给谁呀！"

阿南一怔，面有难色地又低下了头。

"哈哈哈！"王子忍不住大笑，"你看！没多久前，想得要死的事情，现在实现了，怎么了，又不想要了？"

阿南的确为难，这些日子以来，除了妈妈、姐姐之外，他想得最多的就是阿秀。可能阿南在不知不觉中已经爱上了她，可是当时自己还是一味地追求迎娶公主的可能性，完全忽视内在深处真正的渴望。阿南皱着眉头，好生为难。王子又哈哈大笑，阿南抬起头来，觉得王子这回有点幸灾乐祸，不禁有点微愠。

　　"你看！人就是这样，常常为自己设定一个'外在'.目标，拼死拼活地想要达到，却忘记了与自己'内在'真实的声音连接沟通，最后反而造成矛盾，有时收手都来不及了。"王子看看阿南，决定放过他，柔声说，"别担心，公主当初和达非国王有一年之约，寻找秘密的人如果不能在一年之内达成任务返回山城国，公主必须听从国王命令另外择

遇见心想事成的自己

偶而嫁。你算算，你离开山城国多久啦？"

阿南一听大喜，掐指一算，离开山城的时候是春天，现在已经是冬天了。只要在王子这里再待上个把月，就可以解除义务啦。阿南高兴地跳上跳下，王子看了只是摇头苦笑。

王子接着要求阿南把在神秘学院学到的，与这些日子以来所领悟到的东西，好好融会贯通，整理一下。阿南于是又整理出来炼金师教授的那个步骤图，并且加上了王子讲的信念和解除的方法。

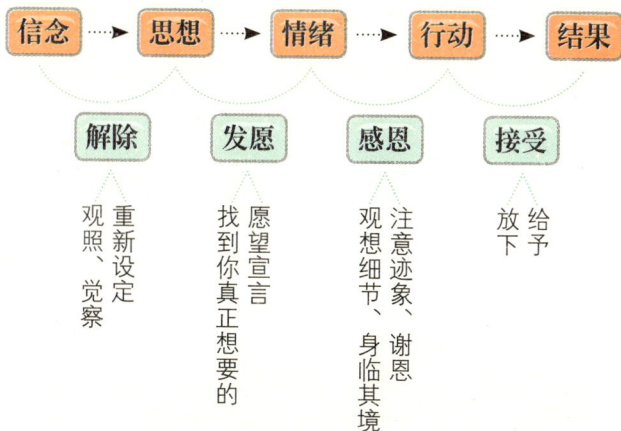

信念 ····▶ 思想 ····▶ 情绪 ····▶ 行动 ····▶ 结果

解除 — 重新设定 观照、觉察

发愿 — 愿望宣言 找到你真正想要的

感恩 — 注意迹象、谢恩 观想细节、身临其境

接受 — 给予 放下

王子看了阿南整理的东西，点头称许，不过王子强调："禅定是所有这些的基本功夫。"并且在图的下方加上了"禅定"两个字：

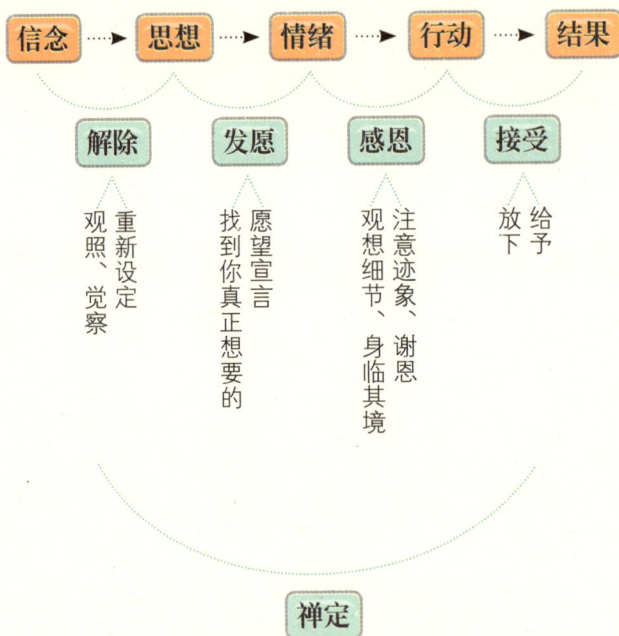

信念	→	思想	→	情绪	→	行动	→	结果

解除	发愿	感恩	接受
重新设定 观照、觉察	愿望宣言 找到你真正想要的	注意迹象、谢恩 观想细节、身临其境	给予 放下

禅定

"禅定可以增长觉察的功夫，在思绪不活跃的状态下，从内在油然而生的智慧就可以帮助你重新设定你的人生模式。当然，禅定也可以

遇见心想事成的自己

让你更加贴近你心里真正的需求，所以发愿的时候，你会感知到你真正渴望的是什么。在禅定中感恩，也是最好的一种习惯，或是说，带着感恩的心情去禅定，会让你与我们的源头更加接近。在等待宇宙回应的接受阶段，禅定更可以培养你的慈悲心和不执著的心态，能让宇宙的能量自由在你身上进出。"

王子说完，看看阿南。阿南很快就把这些复杂的概念都吸收了，王子也十分欣慰。"最后，"王子再度强调，"我们都是来自一个无形的灵性世界，那是我们的源头。那个源头是丰盛的，而且是无所不在的。如果能够扫除我们内心的障碍，直接与那个源头连接上，那么，每一个人都可以恢复我们与生俱来的心想事成的能力。"

阿南听了，悠然神往，只听到王子又说了："有一条捷径可以做到！"阿南立刻睁大眼睛，又是充满期盼地看着王子。王子笑笑，知道阿南还是那个充满好奇心和斗志的孩子。

"这条捷径就是祈祷。当你祈祷的时候，就是祈求更高的智慧让你穿越自己的层层模式，并且感恩禅带来你真心想要的东西。祷告完了之后，你只要静待回音就可以啦。记得，宇宙可以观照到全局，我们却做不到，所以'放手'和'信任'很重要！"

阿南的眼珠骨碌碌地转："那么，有没有什么比较恰当的祈祷词呢？"

王子看着突然变得滑头的阿南，忍不住笑了。

祈祷

信念 ┈▸ 思想 ▸ 情绪 ┈▸ 行动 ┈▸ 结果

解除　　发愿　　感恩　　接受

解除：重新设定、观照、觉察

发愿：愿望宣言、找到你真正想要的

感恩：注意迹象、观想细节、谢恩、身临其境

接受：给予、放下

禅定

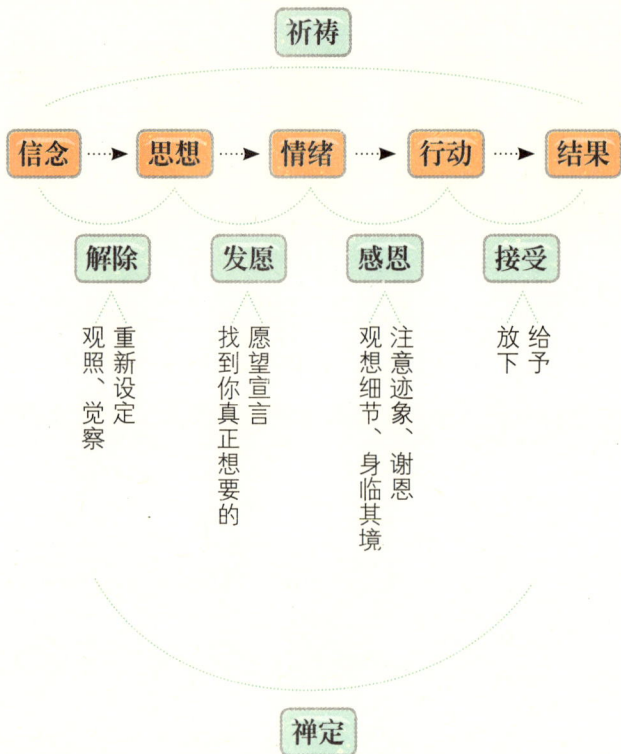

"好吧！我们试试看这样的祈祷词。"王子说。

亲爱的宇宙啊！（最高力量啊！或是任何与你有对应、感应的神

遇见心想事成的自己

禅的名字）

　　我想要＿＿＿＿＿＿＿＿＿＿＿＿＿＿（写下你此刻的愿望）。

　　因为＿＿＿＿＿＿＿＿＿＿＿＿（写下你最终想要的状态）。

　　感谢你，为我移除阻碍这件事情的信念或模式，并且以你认为对我最好的方式来成全它。

　　"就这样，解除、发愿、感恩、接受，都在这个短短的祈祷词里涵盖了。"王子开心地说，"不过很重要的一点就是，你必须在那个祈祷已经被听见，愿望已经达成的'感觉'之中。这就是信任与臣服——我们一生都要学习的功课。"

26

最后的梦想成真
让宇宙来成全

> 你不可能经由一个没有喜悦的旅程，到达一个喜悦的
> 终点。在过程中保持一颗喜悦的心，无论最后是否达到了
> 目标，至少我们曾经拥有过美丽的、愉悦的过程！

阿南听了王子的祈祷词之后，忍不住想试试看。他开始默念："亲爱的宇宙啊！我希望能够找到此生的理想伴侣，因为我想要有美好的婚姻生活。感谢你，为我移除阻碍这件事情的信念或模式，并且以你认为对我最好的方式来成全。"

阿南虽然已经确定阿秀是他心中所爱的女人，也想和她共度一生，但是他记得王子以前说的，不要为难宇宙，而且要放手和信任，所以祷告词中最后"以认为对我最好的方式来成全"就是一个缓冲，让宇宙有点儿余地，以它观照全局的能力，为阿南作出最好的选择。

阿南同时也在回想，自己有什么样的信念或模式会阻挡一份好姻缘的到来？可能就是"我不够好，我不配得"的想法吧。阿南决定用农家女教的功夫来对治这个信念。因此阿南每天除了祈祷之外，就是在做

遇见心想事成的自己

162

农家女教的四套动作，一边做一边念着："我是有价值的，我可以拥有我想要的。"其实很简单，不到两分钟就做完了。

有一次阿南正在做的时候，刚好被王子看到。王子还开玩笑说："那个农家女还在做那玩意儿啊！"

阿南笑笑说："我们人生模式真的很多，发现一个对付一个！"

王子赞赏阿南："没错！就是这样！不要急。慢慢来，一个一个对治它们。"

阿南也同时体会到，自己还是有些对未来不确定性的焦虑，源自于如果春天来临，他回到甚美国，或是山城国时，是否能如愿与大叔他们团聚，看到阿秀，也能回家探望老母亲。因此阿南的另一个祷告词就是："亲爱的宇宙啊！我感觉到恐惧和焦虑，我希望有内心的平安和宁静。感谢你，为我移除阻碍我平安和宁静的信念或模式，并且以你认为对我最好的方式来成全。"

当然，阿南也没忘记炼金师教导的有关能量振动的吸引力法则，所以他每天保持愉快的心情，尤其是在祈祷的时候，他总会观想自己和心爱的女人在一起相处时愉快、耳鬓厮磨的快乐景象，也会观想自己见到大叔一家人的欣喜，还有回家看到亲人时的雀跃。

阿南每天也花很多时间和王子在一起，在定静中感受那股来自源头的平安和喜悦。他感觉内在愈来愈平静、安宁，呼吸更加顺畅，身体也更为有力，而且这种力量是来自内在——从内在空间绽放出来的力量。而且阿南也终于明白，太后即使知道了心想事成的秘密，为什么二十年来还是无法寻回爱女。因为太后心中有很多恐惧和贪念，而且一直没有从当年痛失爱女的痛苦中走出来，也没有接纳这件事情，更别说宽恕让她失去爱女的人。这些负面能量和抗拒，就会阻碍宇宙能量的流动，让她心想事不成。

这样过了一段时间，冬天真的来临了。有一天，雪花开始不停飘落，阿南在山城国很少看到这么一大片一大片的雪花，忍不住在雪里打滚玩耍。

王子微笑地看着阿南，用手接了几片雪花，然后给阿南看："你看！这么多的雪花，它们的纹路没有一片是相同的。而每一片雪花都是宇宙的一个彰显。"阿南看着雪花，若有所悟地说："就像我们人一样，没有一个是相同的。所以，我们也是宇宙不同方式的彰显和表达。"

王子点头赞许阿南的话，并说："我们每个人都有他独特的个性和天赋，我们来到这个世界，就是要让宇宙通过我们的独特性，来展现它自己。除此之外，如果能够利于他人，那就更不虚此行了！呵呵！"

阿南听了很有感触，决定到附近更高的一个山峰去祈祷，并且赏雪。爬上了那座山峰，阿南看到四处白雪皑皑，美不胜收。于是他再度跪下来祈祷，向着宇宙，向着大自然说出了他的渴望和心声，并且观想自己觅得爱侣和见到亲友之后的喜悦。然后他又大喊："感谢你！宇宙！"阿南的声音在山谷里回荡。阿南又喊，"谢谢你！给我想要的，

遇见心想事成的自己

我们是宇宙不同方式的彰显和表达，每个人都有他独特的个性和天赋，我们来到这个世界，就是要让宇宙通过我们的独特性，来展现它自己。

或是你认为对我最好的！"又是一阵空谷回音。

突然，阿南听到一个微弱的声音从远处飘来。好像也是有人在叫喊，是比较清脆的女声。阿南仔细一看，从远处滚来了一个大雪球，愈来愈近，仔细看清楚了，居然是飞天宝马在狂奔，因而飞溅起一堆雪花。飞天宝马上坐着一个人，看不清楚是谁，但是那两条熟悉的小辫子却令阿南心跳加速。

"阿秀？"阿南喃喃自语，"阿秀？"雪球愈来愈靠近，果然是阿南朝思暮想的阿秀在马背上和阿南招手。阿南呆了半晌，以为自己在做梦，习惯性地捏捏耳朵，然后说，"我是有价值的，我可以拥有我想要的。"过了一会儿，又听到清晰的呼喊："阿南！"他这才真正的回过神儿来，二话不说地立刻冲下山去。

阿南张开双臂，身形轻盈，向下俯冲，他感觉自己像只展翅的大鹏鸟，正飞向喜悦的未来。

遇见心想事成的自己

心想事成

30天

实践计划

亲爱的朋友,恭禧你!

读完了心想事成的入门学习和进阶的秘笈之后,现在是我们付诸行动,等待收成的时刻啦!请你在看完书之后立刻采取行动,以保证最大的效果。

我们人都是习惯性的动物,一个好习惯的建立必须要持续至少21天。以下的30天心想事成实践计划,不但可以帮助你实现一个特定的梦想,而且更可以养成终生受益的良好习惯。我以最大的爱心,祝福大家都能够心想事成,得到幸福快乐的人生!!

在爱和光中

德芬

第一步
写下你的梦想句

1.要正面：避免"不要""不会"等负面词语。

例如：

我不要生病 ✕

我希望身体功能运作正常，精力充沛 ✓

宇宙、最高力量，就像我们的潜意识一样，听不到"不要""不能""不会"这种负面的词句。所以当你说"我不要生病"的时候，源头的力量听到的是"生病"这两个字，所以发愿的时候要特别注意这一点。平常我们所思所想，也都要用正面的表达。这个原则也可以运用在与人沟通的时候，与其告诉对方"你不要""我不希望你"，不如用正面的鼓励方式，尤其是和孩子说话的时候，这点特别重要。

2.要实际而且清晰：你要求的东西要具体、清楚，同时列出你想要的人、事、物的原因，好让宇宙知道其实你真正想要的是什么。

例如：

我希望有钱 ✕

我希望___岁以前能有___的钱，因为我希望享受财务自由所带来的轻松愉快 ✓

这一点其实是在做两件事。

第一就是：理清你自己的愿望：你到底要什么？知道自己背后的动机，能够帮助你集中意念，让念力、愿力更为集中。

第二件事是：当你说出你最终想要的状态（比如有个知心伴侣愉快地共度此生，而不是我非要嫁给某人），宇宙就知道你要的不是那个人，而是最终的美满婚姻。到底谁是可以给你美满幸福婚姻的人？宇宙可比你清楚多了。所以，当我们说出了最终的状态时，我们就不会为难宇宙，而它也会为我们带来真正能够服务我们的、让我们幸福的事物。

3.聚焦在自己身上，而不是别人身上：你要负责，不是让别人负责。

例如：

我希望我老公爱我 ⊗

我希望和我老公有个和谐的关系 ✅

我特别提出这一点，是因为很多人以为心想事成可以用来操控别人：让花心的老公回心转意，让不听话的孩子变乖，让老板脾气变好。这是一个错误的幻想。心想事成的原理是吸引力定律，是你本身散发出来的频率在吸引人、事、物来到你的生命当中。如果我们发愿、祈求、观想，都是在要求别人作出改变，这是不切实际的。会相信心想事成，并且愿意实行的人，都应该知道：我们外在的世界是我们内在的投射，外面没有别人。（参考我的第一本书《遇见未知的自己》）。所以，写下我的梦想句：

_____

（它是否符合以上三个原则？）

第二步

列出在你的"内心"，可能会有什么因素、信念、想法、模式等，让你的梦想不会实现。

有的时候，阻止我们梦想成真的因素，可能是我们埋藏很深的一个信念。找到这些信念的过程有的时候会像剥洋葱一样一层一层地，一边流泪一边深入，最后才看见关键点在哪里。所以，在这里，我建议读者先去看看我接下来举出的五个案例，对照一下自己是否也有这种限制性的信念。

你所写的句子应该是这样的

我的梦想如果不能实现，那是因为我_____
_____。

举 例

我觉得这是不可能的！→因为我觉得自己没那么好运！→因为我不配得

我老是失败，做不好事情→因为我就是一个很差劲的人

我觉得我不会找到好对象→因为我对亲密关系有恐惧感

我觉得我就是与金钱无缘→因为我对金钱有错误、负面的观念→

我觉得金钱很肮脏（或是会带来诅咒而不是幸福）

记住，同样地，不要把原因放在"外在"。外在的人、事、物都是我们内在的反映和投射，这个步骤是在寻找阻碍你梦想的限制性人生信念和模式，这些信念和模式是在你的内在，不在外面。这是一种"泻"的功夫，所以箭头要向内寻找靶标，而不是在外面寻找。找到了之后，就把它转化成正面的信念。

会阻碍你成就这个梦想的限制性人生信念和模式可能不止一个，你可以把它们都写下来。在每天的例行功课中，我们会帮助你把与这些信念相反的正面信念建构到你的潜意识当中。

请列出可能阻碍你梦想实现的内在因素

我的限制性人生信念和模式：＿＿＿＿＿＿＿＿＿＿＿＿＿＿＿＿

正面信念应该是：＿＿＿＿＿＿＿＿＿＿＿＿＿＿＿＿＿＿＿＿

为了让大家了解、并且能够探索自己的限制性信念，以下我举出了五个案例，做为参考，大家可以自行"对号入座"。

月华是个三十五岁的职业女性，她工资收入不高，家庭的主要收入来源是老公陈康的外企高薪。三年前，月华发现陈康有了外遇，对象是他的女同事。后来虽然这段办公室恋情无疾而终，但这个打击一直让月华愤愤不平。碍于八岁的女儿，月华隐忍着不提离婚。因为月华觉得自己没有养活孩子的能力，如果离婚，孩子归老公又不甘心，也舍不得，但是她对陈康愈来愈看不顺眼。月华觉得陈康对她没"性趣"，但是却喜欢上网看年轻漂亮美眉的色情网站。陈康烟不离手，出门随地吐痰，又爱打麻将，上KTV，老不回家，月华真是满腹的怨怼。知道有心想事成这回事之后，月华希望能够借由心想事成让老公不抽烟、不吐痰、不看色情网站，并且不要那么晚回家。

案例分析

月华对老公其实有潜意识的"瞧不起"的心态，这是造成陈康外遇的主要原因。夫妻之间、亲人之间，甚至陌生人之间，很多事是不需要说出口，而对方就能够感受和接收到的。为什么会去"瞧不起"别人呢？这当然就是源自于我们觉得自己不够好的心态。 这个"我不够好"的心态常常是我们人生的背景音乐，当我们不想听到它的时候，就去责怪别人、看轻别人、贬低别人，好让自己觉得好过些。

同样地，月华对陈康外遇的不能原谅，和对他一些生活习惯上的厌恶，也是溢于言表，这样的负面能量，迫使陈康对月华更加地没有兴趣，所以宁可流连KTV、麻将桌，也不愿意回家。就算回家，上网看那些漂亮美眉，当然比面对一个满怀怨恨、又瞧不起自己的女人好。但是这些行为，却又更加触痛了月华自己的"无价值感"，所以造成恶性循环，夫妻渐行渐远。

月华表面上的心愿，是要陈康别抽烟、别吐痰，别上色情网站，这些全是负面表述。月华真正想要的，是一个相互敬重、和谐的夫妻关系。抽烟、吐痰、色情网站全是表象上的事物，即使陈康全都修正了，很快地月华又会在他身上找到别的事物让她看不顺眼。所以，月华真正要做的，是改变自己内在的心态。

在你跟别人要求爱之前，你先要付出爱。你需要别人的尊重之前，你必须先尊重别人。月华的期望，也是每个女人的期望，就是有一个幸福美满的家庭。但是这个愿望不是靠"对方"改变而能达成的。我们生活上所有的问题，都是我们内在古老的伤痛造成的，月华是否愿意面对自己的无价值感，一步一步地修正自己，而能找到真正的自己之后，她想要的事物就会随之而来。

月华的梦想句可以是：我希望重新燃起对老公的爱意，有个幸福美满的家庭生活。

阻碍月华梦想实现的原因，是她对老公的不满意、不尊重，她可以决定换一个老公，或是在现有的基础上改善关系。

所以让月华不满意和不尊重老公的限制性信念可能是：我是没有价值的，我是不值得尊重的，我是应该要被背叛的。

所以月华要灌输给自己的正面信念应该是：

我是有价值的。

我是值得的。

我是美好的。

案例 **2**
忧心忡忡的母亲

春惠有个14岁大的儿子小钧。小均小的时候很乖很听话，但是进入青少年时期以后，行为就愈来愈有偏差。学习不专心，一天到晚在电脑上打游戏，有时打到三更半夜，要他关机还发脾气。孩子的爸爸正明工作很忙，一天到晚不在家，对孩子的管教方式就是动不动就打，所以春惠也不敢跟老公抱怨，怕老公又对孩子拳脚相向。但是看着小钧学习成绩一天一天下滑，春惠忧心

案例分析

孩子行为有偏差，问题永远是在父母和整个家庭的氛围上。在这里，我们看到，小钧的爸爸的管教方式，会让小钧从小的自我价值感非常低落。而被父母一味宠爱的孩子，也会因为不知道自己行为该有的界限而十分迷茫，同样找不到自我价值。

很多父母有的时候是把孩子视为自己所拥有的财产，在孩子身上寻找自我感。所以隔壁小三考上了重点中学，我的孩子如果没考上就很丢脸。姑妈的婶婶的儿子申请到奖学金出国留学了，咱们家的大宝也得留洋一下，否则就不如人家，被比下去了。这样的父母对孩子的隐藏要求是：我要靠你为我挣面子，这样我才知道我是谁。你最好别让我失望，因为我生你养你，你不能对不起我。

孩子天生就是最敏感的小雷达，父母表面上再怎么说、怎么做，都不如他们在能量层面、心理层面感受到的东西来得有说服力。如果孩子觉得父母把他们当做增加父母自己价值感的工具，而在心灵的层面没有跟父母有所沟通和联结的话，到了青少年期，很自然的行为反应就是：叛逆。你愈要我怎么样，我就是不怎么样。

遇见心想事成的自己

春惠的问题看起来好像是在别人（孩子）身上，但是春惠这里可以做的，就是能够成为一个理解孩子、认同孩子，让孩子能够信任的母亲。没有小孩会愿意整天玩游戏机，然后学习成绩一落千丈，在学校受到老师的歧视、同学的嘲笑，而自我感觉也特别不好，在家里又会受到父母的压力，到处无容身之处。

而孩子之所以会选择沉溺、逃避，是因为他内在也有一个自我谴责的声音，一直在告诉他一些他不想听也不想面对的事。这些事你要他跟谁说呢？他内心的痛苦有谁可以分享呢？我们做父母的，有没有做到让孩子愿意跟我们分享他们的困惑、痛苦，而不会受到责罚、担心和唠叨呢？

父母和孩子如果永远站在敌对的两岸，孩子会觉得和父母是疏离的，有苦也无处申诉，有时甚至父母就是他们生命中最大痛苦的来源。所以春惠可以做的，就是改变自己，做个与孩子站在同一条阵线上的母亲。怎么做呢？向宇宙祈求吧。当我们愿意谦卑地放下自己的挣扎，并且开口求援，宇宙会慷慨地回报人生的智慧给我们，我们的内在自然而然会升起力量，让我们有能力面对生活中的挑战。

　　春惠的梦想句可以是：我想成为一个称职的母亲，因为我希望孩子成为一个快乐而健全的人。

春惠的梦想句可以是：我想成为一个称职的母亲，因为我希望孩子成为一个快乐而健全的人。

阻碍春惠梦想实现的原因，是因为她不知道怎么样教育孩子，或是因为自我价值低落而对孩子有过高的期望，因而对孩子有过多的要求，造成压力。

她的限制性信念可能是：孩子就是要听父母的话，按照父母的意思生活。我是个失败的母亲，我教不好孩子。

所以春惠要灌输给自己的正面信念应该是：

我是个好母亲，我知道如何教育孩子。

我是个好母亲，我会给孩子他最需要的东西。

我接纳孩子的本来面貌，无条件地爱他。

案例 3
追求成功的白领

向阳是一家电脑软件集成服务公司的经理。这个外企公司最近高级干部有了调动，原来的美国籍总经理回国了，换了一个台湾的总经理大中。大中年轻有为，在台湾原来就是公司当地的总经理。但大中初来乍到，不太熟悉这里做事的潜规则，对向阳施加了很多压力。向阳很不习惯老板凡事都要亲自过问的管理方式，觉得大中老是不信任自己，连报销一些简单的账目都要一个一个讯问，好像怀疑向阳用公

遇见心想事成的自己

费在外面吃喝玩乐似的。向阳的情绪愈来愈不满，连带地影响到了他那个部门的士气。最近向阳公司的一个大客户正在招标一个项目，本来这个老客户应该顺理成章地使用向阳公司的产品和服务的，但是前些时候向阳的手下刚刚出了一个大纰漏，让客户公司的计算机死机了有半天之久，而且损失了不少重要的档案资料。为此，大中对向阳也颇有微词，几次开会有意无意都提到领导力的重要性，直言好的管理能力是可以避免员工犯下致命的错误的。因此，这次的这个案子，向阳志在必得。但是在士气低落、老板不谅解又猛施压的情况下，向阳怎么样可以突破重围，顺利夺标呢？

案例分析

　　害怕失败的恐惧，反而会阻挡我们的成功。

　　担心别人不信任的恐惧，反而会招致更多的不信任。

　　向阳要针对这两点检视一下自己的信念。要不然，就算换公司、换老板，还是会出现同样的问题。

　　在我们人生中遇到障碍和问题的时候，你可以视它为一个危机和挑战，在负面情绪中与它抗争，努力地去克服它。但是你也可以视它为一个磨炼和学习的机会，在谦逊和镇定之中，寻找这个事件为你带来的礼物。在这种状况下，你会更有力量，更有智慧地处理事情，而且，这份内在的定静和正面的信念也会影响你周遭的人（在向阳的例子中就是他部门的员工），让他们也有同样的笃定和信心去获取成功。

向阳的梦想句可以是：我要赢得这个项目，因为我要成为一个成功的领导者。

阻碍向阳梦想实现的原因，可能是他对失败有过多的恐惧，而且很不能够接受别人的怀疑、不信任。这些其实本源于对自己的不信任。

向阳的限制性信念可能是：我是一个失败者，我做不好事情，所以需要别人监督我、紧密地管理我。

所以向阳要灌输给自己的正面信念应该是：

我是个成功的人，我知道如何领导团队。

我是个成功的人，我知道如何获致成功。

我是个值得信赖的人。

案例 4
梦想佳偶的女孩

慧芳是一个三十五岁的成功白领，有着良好的收入和健康的兴趣爱好。慧芳长相中等，但是气质打扮比较大家闺秀，看起来也颇具吸引力。她年轻的时候谈过几次恋爱，也不在意，主要专心冲刺事业。随着年龄的增加，慧芳愈来愈想成家，想找个可以依附终身的对象安定下来。

但是左看右看，身边与慧芳年纪相仿或是稍大的男子，条件好的早就被霸占了，条件好又单身的多半又是"同志"，要不就是眼睛长在头顶上，整天约会不断，身边美眉缠绕，不想安定下来。慧芳又不习惯谈"姐弟恋"，她还是比较传统，喜欢成熟稳重的男人。

慧芳小时候父母的关系不好，常常吵架。慧芳还曾经劝妈妈离婚，寻找自己的幸福。现在面临婚姻的抉择，慧芳可以说是比较挑剔。她理想中的男人，一定要具备"新好男人"的特质：爱家、爱孩子、负责、诚实，同时还要有其他身高、体重、相貌、经济能力等条件。朋友告诉她，这么挑剔，不如向老天定做一个算了。

知道了心想事成之后，慧芳好奇，这个方法是不是能够帮助她觅得佳偶？

案例分析

我看过很多运用心想事成而找到另一半的例子。我自己就是，而且也帮助了至少三个朋友找到了终身伴侣。在慧芳的例子中，慧芳首先要好好想想，自己要的对象条件究竟是什么。我的经验是，列出这个人内在方面的特质，而不是外在的条件。

比方说：他的存款多少、工作是什么、身高多少、籍贯是什么等，我觉得这些外在条件不是不重要就是会改变。而这个人的特质：个性、价值观、兴趣、喜好、做事的方法，对人、事、物的看法和态度这些内在的东西，是可以详细列出来的。

不要在意自己的挑剔，只要你敢要的，宇宙都会给你。当初我在找结婚对象的时候，从来没有怀疑过自己会找不到。我列出了很多条件（人要诚实、负责，忠诚地爱我、顾家，喜爱艺术、旅游、看电影，会陪我看卡通影片，会陪我买菜、做饭、做家事等，一堆别人看起来神经兮兮的条件），结果我老公几乎完全符合。所以，后来我就深信，我们的人生是我们"相信"来的。你信什么，什么就会发生。

不过慧芳要做的很重要的一件事，就是检视自己对婚姻的看法和信念。有可能因为父母婚姻不合，慧芳其实心里面对婚姻是有恐惧感的。当发愿的时候，嘴上说想结婚，但是如果心里面发出的是"恐惧"的负面能量，那么宇宙接收到的就是负面的东西，慧芳就不容易"吸"到合适的男人。

慧芳的梦想句可以是：我要找到合适的结婚对象，因为我想要有一个幸福美满的家庭生活。

遇见心想事成的自己

阻碍惠芳梦想实现的原因，是她因为对婚姻有恐惧感，下意识地害怕自己步上妈妈的后尘，一生遗憾，或是自我价值感不够，觉得自己不会那么好运找到可以嫁的好男人。

慧芳的限制性信念可能是：男人不可靠，结婚以后就会改变，婚姻是个冒险，可能带来一辈子的不幸福。我哪有那么好运，会找到梦中的情人。

所以慧芳要灌输给自己的正面信念应该是：

我值得嫁给一个好男人。

我的婚姻会幸福美满。

我够幸运，能够找到让自己幸福的终身伴侣。

案例 5
与金钱无缘的人

崇明今年三十多岁，在他的职业生涯中，他一直有个愿望，那就是：赚钱。出生在贫困的家庭，从小看到父母为钱烦恼。因为家里没钱，他高中毕业就出社会做事，把升学的机会留给弟弟妹妹。所以，崇明一直以来的愿望就是赚很多钱，让爸爸妈妈晚年能够过得好一点，而且自己的老婆儿子，还有弟弟妹妹的生活也都有保障。

只可惜一直事与愿违。崇明离开干了五年的公司，准备自己出来做，并把一部分的客户给带走。但是他的运气总是不太好，虽然能力很强，做事更是用心、勤奋努力，可是每次在紧要关头总是出些状况，让他失去客户，或是赚的钱还不如赔得多。

第一次听到"外面的世界是我们内在所创造"的时候，崇明很不以为然，但是回想一下自己的经历，好像真的是有什么内在的信念在阻碍金钱流入他的口袋中。因此，崇明想试试看所谓的"心想事成"，是否能够让他如愿以偿地赚到他想要的金钱。

案例分析

崇明首先需要检视一下自己的金钱观。出生在一个穷困的家庭，他父母给他灌输的金钱观念是什么？有没有负面的信念在其中（参考阿南和钱老板的对话）？还有，当年父母为钱所困，或是为钱争吵的时候，崇明在一旁看着时，他的小小心灵当中当下的决定是什么？是觉得自己将来一定要出人头地不要为钱所困呢，还是觉得钱是罪恶的，不好的，害得他们家庭气氛如此不好？（从结果看来，崇明当年作的决定可能是比较负面的。）

另外，很多孩子出于对父亲的忠诚，下意识里不敢或不想超越父亲的作为。崇明也要看看自己的潜意识中是否有"我不应该比过爸爸"的潜在负面信念。

金钱是一种能量，要学习如何与金钱建立良好的关系，对有些

遇见心想事成的自己

人来说，是需要有意识的努力的。我相信每个人生下来的时候，这一世会有多少钱财其实已经注定（这就说明了为什么有些刻薄小气的人还是很有钱，好像违反了心灵法则），但是我也一直强调，只要连接上了源头，每个人的命运是掌握在自己手中的。

想要改变财运，我们要了解"流入＝流出"的能量公式，还有吸引力法则。所以，丰盛会来到内在丰盛的人身上，不会来到内心匮乏的人身上。把金钱视为好的、友善的工具，不要惧怕失去金钱，对人宽厚，为人付出，这样的话，金钱迟早会来到你的生命中。

崇明的梦想句可以是：我要实现我的财富梦想（最好有个具体数字和时限），因为我想给家人更好、更有保障的生活。

阻碍崇明梦想实现的原因，是他因为金钱观念不正确，下意识地害怕自己超越父亲而不孝。或许也是自我价值感不够，觉得自己不会那么好运赚到钱。

崇明的限制性信念可能是：小时候父母灌输的对金钱的负面看法，还有我不能超越父亲的成就，我不会那么好运，轻易地赚到那么多钱。

所以崇明要灌输给自己的正面信念应该是：

金钱是一种正面的能量，我能好好经营它。

我可以超越父亲，并且让他引以为荣。

我够幸运，也值得拥有自己想要的财富。

第三步

开始30天实践计划

30天实践计划是一个每天要做的简单步骤。包括：

开场（感受）→意图设定（发愿）→补进正面信念（体操）→泻除限制性信念（观照）→结束（感恩冥想）

1.开场——清早第一件事

眼睛一睁开，就去体会梦想已经成真之后的感受。

静静地躺在床上一会儿，享受那种愉悦的感受。如果无法感受到，没有关系，继续做下面发愿的步骤。

2.设定意图——念发愿词

亲爱的宇宙！（最高力量啊、真我啊，或是任何与你有对应、感应的名字）

我想要＿＿＿＿＿＿因为＿＿＿＿（写下你的梦想句）。

感谢你，为我移除阻碍这件事情的信念或模式，并且以你认为对我最好的方式来成全我。

相信心想事成的人，一定都知道心想事成的力量是来自于一个较高的力量，是在你之内，但又比你大很多的力量。你可以称它为真我、大我、最高力量，或任何让你觉得可以托付、信赖的对象。念这个发愿词的时候，最好手放在胸口的正中央，大声念出来。如果真的无法大声念出来（旁边有人，你不想被听到），就用默念的方式也可以。

形式不重要，重要的是那份诚心和信任。在念自己的发愿词的时候，你的心态和内在的状况非常重要。你是觉得自己十分地匮乏，而去祈求上天垂怜，还是在一个充满信心和感恩的状态下发愿，结果会有很大的差异。

除了用念的之外，如果能够用笔写下来（至少写你的梦想句）是更为有效的，因为当我们书写的时候，我们跟我们的潜意识的管道其实更为通畅。

3.补——改变信念的体操

按照书中农家女教阿南的体操，每个动作三十秒钟。嘴里念着你的"正面信念"。

每个正面信念至少做十天，所以你的正面信念不要超过三个。

你的正面信念必须是你表意识层面相信并且同意的信念，但是你知道你的潜意识并没有"埋单"，所以需要透过我们身体的视觉、听觉、动感和能量的振动，把它建构到潜意识中。

同样地，用笔写下你的正面信念，也会非常有效果。记得：我们表意识上面的发愿，效果有限，我们必须要在潜意识的层面改变我们的信念。这个体操是最有效果整合表意识和潜意识的方法。

4.泻——在生活中觉察自己的限制性人生模式或信念

在白天一天的生活、工作中，时时关注自己内在的想法，如果看到自己限制性的人生模式或信念浮上来的时候，要为它照相留念。也就是说，你要在心里为它作一个标记，说："我看到你了，谢谢你的分享。"如此一来，你就不会受到它无意识地掌控和限制，进而影响你的言行。

这是心想事成当中"泻"的功夫，十分重要！

比如说，案例1中的月华，在一个又是一个人独守空闺的夜晚，"他根本不爱我，不尊重我，我是没有价值"这种限制性的信念浮上心头的时候，可以看着它，知道它是自己的一个惯性的负面想法，对它说"谢谢你的分享"，然后把它送走。这样的话，等陈康回家的时候，他看到的不是一张臭臭的晚娘脸，而是一个自在、愉快、正在享受一个人独处的乐趣的老婆。这样，以后陈康早回家的概率就会高出很多。

案例2中的春惠看到孩子又在打电脑游戏的时候，不自觉会升起"我又不知道该怎么办，我不知道怎么管教他，我不是个好母亲"的想法时，就要看到这些想法只是她脑海中的过客，跟它们说声"谢谢你的分享"，然后回到当下她该做的事上面。也许她可以轻声地提醒孩子该念书了，也许她决定让他再多玩一会儿。无论她的选择是什么，由于她不是处于恐惧和责难，所以孩子会听从的比率会大大地增加。

案例3中的向阳，在跟大客户汇报自己公司方案的时候，如果有恐惧冒上来，看到自己心里在说："你是个失败者，他们是不会买你们的产品的。"同样地，不要轻信于它。看着它，照张相，然后说："谢谢你的分享，我知道了。"然后看着这个思想放过了你，回到它的归处。千万不要让这些负面思想愚弄你。你对它的觉知和不认同，就足以化解它的破坏力。

案例4中的慧芳，如果有人要介绍男朋友，或是一想到婚姻的时候，就会有种不安全感，或是觉得"哎呀！不可能啦"，这个时候，就要注意这些负面的念头，跟它们说："谢谢你的分享。"然后想一些正面的事物，化解刚才的负面思想。如果只是不舒服的感觉的话，就要试着学习与那种感觉相处，直视着它，不要逃避。

案例5中的崇明，如果又有关于金钱的负面念头出来的时候，一定要抓住它们，看个清楚仔细，然后说："谢谢你的分享，可是我现在相信的是……"（说一些正面的东西来替代）如果有匮乏的思想出现（我的钱不够用，那个人赚了钱我就赚不到了）的时候，也要如法炮制。不要让这些关于金钱的、不真实的思想和念头阻碍了你和金钱之间的通道。

如果暂时觉察不到，没有关系，你可以有意识地在白天的生活中，至少想起来三次："我在心想事成的过程中"，然后稍微想一下你的梦想句，与最高源头做一个有意识的联结。所谓有意识的联结很简单，就是去"想到"，因为心念的力量是远超过我们想象的。如果有时间的话，在心里做一次发愿词就更好了。

5.结束——感恩三件事（每天晚上睡前）并且冥想

所有人类的正面情绪当中，感恩是振动频率最强，最有利也最有力的。感恩的时候，你就是在跟宇宙说："再来一点，再来一点！"所以无论你感恩的是什么，那个东西都会更多地出现在你的生命当中。

如果你真的过了很糟糕的一天，那就感恩你还活着的事实吧。感恩你的身体，每天24小时全年无休地为你服务。感恩你的家人、父母、朋友、同事，你不需要有充足的理由才能去感恩。感恩你有个地方住，感恩你有个健康的身体，感恩你有份工作。养成习惯，睡前至少感恩三件事情，一段时间以后，留意你的生活有什么样的改变。

当然，对你心想事成最有力的帮助，就是去感恩你得到任何宇宙反馈回来的讯息。对案例1中的月华来说，如果那一天老公对她比较好，回家早，而且没有上色情网站的话，月华那天一定要抓着这个迹

遇见心想事成的自己

象，好好感谢宇宙。故意去扩大她的喜悦程度，由衷地感恩，因为她的发愿，宇宙作出了一些回应了。

对案例2中的春惠来说，可能是孩子的成绩有了小小的进步，打电脑游戏的时间减少了一点点，即使过两天又故态复萌，但是在进步的那个当时，春惠就要紧抓住那一刻好好感恩。这种时时感恩的行动，会让你跟宇宙的联系更为紧密，你也更容易从宇宙那里获得更多的帮助。

对案例3中的向阳来说，可能是团队有了一次小小的胜利，或是他注意到最近团队的士气的确有些提升，甚或是老板大中终于稍微展开了眉头，对他有些小小的口头奖励或肯定，那么向阳就应该要去扩大这个事迹，视为宇宙的正面回应，并且带着强烈感恩的心情去感谢宇宙。

对案例4中的慧芳来说，可能是朋友突然提议要引见一位单身男子，也许后来并不成功，但是慧芳也要视它为宇宙的回应而感恩。相亲只要有一次成功就行了，说不准是哪一次。而如果慧芳碰到了一个特别心仪的男子，后来却发现对方已婚，也要感恩，因为老天至少让你知道这个世界上还是有你理想中的男人，也许下一个就是特别为你准备的！

对案例5中的崇明来说，如果事业上有个小小的成就或顺风，也要感恩，无论多么微小。甚至如果坐车、走路的时候，突然发现了一枚硬币，也要感谢老天，因为这是一个sign（迹象），知道老天有在回应你的发愿。你的感恩会把它千百万倍地扩大。

当你想了三件让你感恩的事情之后，请你坐在原处，试着去关注自己的呼吸，在感恩的良好能量和氛围中，排除思想，与自己静静地相处一会儿。如果思想不能停止，就维持一个观察者的临在意识，试着去观照自己的念头，一个接着一个。

这样不断地练习，你就可以把念头与念头之间的缝隙加大，一段时间以后，你会发现思想会慢慢地减少，头脑愈来愈清明。静坐冥想是接触自己内在力量和真我的最佳工具。如果可能，每天最好早晚静坐十五分钟，它将会带给你完全不一样的生活品质。

遇见心想事成的自己

心想事成

30 天

实践
日程表

一、清早第一件事：感受梦想成真的愉悦感觉

二、念发愿词：亲爱的宇宙啊（最高力量、神、真我、大我啊……）

　　我想要 _____

　　因为 _____（写下梦想句）

　　感谢你，为我移除阻碍这件事的信念或模式，并且以你认为对我

　　最好的方式来成全我。

三、改变信念的体操：四个动作

　　我今天要加强的正面信念·

　　_____

　　_____

　　_____

四、在生活中觉察自己的限制性人生信念

　　今天我觉察到了吗？把感受写下来。

　　_____

　　_____

　　或是想起来就提醒自己："我在心想事成的过程中，有时间的话就想

　　一下自己的梦想句或是发愿词，与宇宙做一个有意识的联结。"

五、睡前感恩及静坐冥想

　　1.我感恩

　　2.我感恩

　　3.我感恩

　　静坐冥想五到十五分钟。

*每天按照此表进行心想事成的实践，30天后，你会看到自己的变化和成长。

如何利用吸引力定律，让我的儿子爱上学习？

如果不能心想事成，还能快乐吗？

我可以分别对我想实现的多个请求同时发愿吗？

总是担心会受到"神"的惩罚，这种状态是否正常？

我该怎么改变说话方式呢？

张德芬
心灵能量
20问

觉得生活没有乐趣，我怎么做才能得到解脱？

祈祷自己没有的东西，是不是表示对当下的状态没有完全臣服？

"放下"是否就是"谋事在人，成事在天"的意思？

"静坐"是不是就是"充电"

我的能量和注意力应该聚焦在"想要"的事物上，还是事成之后的状态上？

祈祷自己没有的东西，是不是表示对当下的状态没有完全臣服？

觉得生活没有乐趣，我怎么做才能得到解脱？

既然即使不能心想事成也可以得到快乐，那我们为什么还刻意学习心想事成呢？

总是担心会受到"神"的惩罚，这种状态是否正常？

心灵问答 1 问：如果祈祷自己没有的东西，是不是表示对当下的状态没有完全臣服？

给亲爱的你：

很好的问题。我们可以与当下为友，但是我们可以有"喜好"。所以，我可以根据我的喜好设下意图，朝着那个方向前进。臣服并不表示没有行动，比如你被坏人抓走了，臣服表示你接受这个事实，不在脑袋里面做文章，但是有机会逃走的时候你一定要逃走！

心灵问答 2 问：德芬老师，您说的"放下"，是否就是"谋事在人，成事在天"的意思？

给亲爱的你：

我们尽力做好自己分内的事，剩下的就交给老天，如是而已。重要的是"心态"，心态好最重要。在与宇宙联结的过程中，最大的收获就是你比较有安全感，比较平和与喜悦。还有什么比这个更好的？

问：怎样理解"不要去设定任何目标，只要活在当下，因为过去和未来都具有时间性，有时间性就会和小我认同"这段话？我到底要不要设定人生的目标，还是走一步算一步，活在当下的那一刻就好？

给亲爱的你：

心想事成是工具，不是终点。当你运用心想事成，更加接近自己的源头，找到内在力量的时候，慢慢地你对生活、生命有更多的信任，最终会过渡到活在当下的境界。我们要摒弃的是"心理上的时间"，不要活在过去和未来，但是钟表时间还是要有的。我们来这个世界上的目的就是要去彰显宇宙意识，表达自己的天赋，这也是一种目标。只是最大的差别在于，生命是舞者，我们是舞步。我们和生命共同创造我们的人生。不要给自己贴标签，我们每个人都是迷途羔羊！

所以，你可以在当下认真地根据自己的喜好来制定未来的计划。制定完毕，就放下它，继续活在当下，在每个当下认真地去执行你的计划。

**心灵
问答4**　问：德芬姐，你不是说要避免"想要"二字吗？那会使人想到匮乏，"心想事成30天实践计划"发愿词有"我想要"啊，会不会有矛盾？

给亲爱的你：

我有特别强调当你祈祷的时候，你的状态很重要。如果你能一步到位"相信"自己已经得到了，就去观想，很好！但是如果做不到，就很诚实地跟宇宙说自己的心愿，在"信任"中，把自己的愿望交付给宇宙，这就是我自己实践的心得。

**心灵
问答5**　问：请问心想事成30天实践计划是在一个月里只对一件事情发愿吗？我可以分别对我想实现的多个请求同时发愿吗？

给亲爱的你：

如果你的发愿词"因为XXX"（观想获得后的感觉）是一样或相近的，就可以一起发愿，但是愿力最好还是集中一点比较好。先去作一个小尝试（你觉得比较容易实现的），然后再去作困难的（越困难就表示你内在的模式和障碍越多），这样会比较有信心，也有经验知道该如何发愿。发愿时的"感觉"很重要，而不在于你说什么。

心灵
问答 **6** **问：德芬老师，我曾经按照《秘密》提供的方法来改变自己的生活，但每每以失败告终。您书中提到的"静坐"是不是就是"充电"？有时我发现静坐过后自己的不良习惯越加明显，我该怎么办？**

给亲爱的你：

恕我直言，你是想用灵性的力量追求物质的成就对吗？我劝你就直接去追求物质好了，先把灵性放下，等准备好的时候，它自然会来找你。

如果按部就班地做好计划，脚踏实地去干活，一定可以在物质上有所斩获，与其花那么多心思琢磨打坐的姿势，不如多花点心思去想怎么挣钱。等到你对物质的欲望都满足了以后，发现它不过也是如此，那个时候再来追求灵性可能会比较纯粹一些，也不会浪费时间和精力。

不要去修正自己，要有勇气去看见自己的真相，并且拥抱它。我们得不到自己想要的是因为我们有许多人生的功课要学习。希望你有足够的人生智慧，看到自己的功课是什么，并且愿意谦卑地去学习。这是一段漫长的旅程，终点不重要，过程才是重点。

心灵问答 7

问：如何利用吸引力定律，让我的儿子爱上学习？我也做过观想，比如他专心学习的情景、成绩优秀拿到奖状的场面等，每每也想得热血沸腾、身临其境，但是目前他好像还是很贪玩。我该如何做呢？

给亲爱的你：

首先，我想说的是，心想事成是不能拿来操控别人的。心想事成要求的是要散发事已成真的那种振动频率，当你对他人有隐藏的动机时，这种振动频率可能不足以召唤宇宙的力量来帮助你。

孩子很贪玩，不努力用功，触动到了你的以下哪一个模式和伤口？

我不够好，所以我的孩子要够好。（自我价值感）

孩子不用功，将来前途堪忧。（你自己对未来的恐惧）

孩子贪玩，我看不顺眼。（因为你的内在小孩也很想这样，但苦于没有机会）

看到了这其实是你的问题之后，你就可以把投射和目光收回来，反求诸己。看到自己内在的真相就是疗愈的开始。你的孩子是天使，来帮助你疗愈自己的伤口。和我们有亲密关系的人，都是我们最好的老师。因为他们总是把我们带到我们不想面对的真相面前，无所遁形。

再举个我自己的例子。我的儿子成绩真的不怎么样，他升高年级后第一次拿成绩单回家，上面全是C和D（国际学校的评分法），他自己都在掉泪，我一点儿也不生气，只是告诉他：妈妈觉得你没有尽全力。我只要求你做到三件事：要快乐、要健康、要负责任。你觉得你对你的学业和功课负责了吗？他自己承认说没有。现在他上课就比较专心，功课也认真做了。

同样的一件事，孩子成绩不好，不爱读书，我和你的反应不相同，可见问题是出在父母身上，而不是孩子身上。但可怜的孩子常常做我们的投射板，随父母的要求和喜好而"起舞"，违背了他们的天性，剥夺了他们的快乐，也种下日后他们一生性格上、心态上的一些问题。

我虽然不要求孩子学习好，可是生活上我对他们有很多要求，这些要求很多也是我自己的投射，希望孩子以我的标准过生活，所以一路走来，我也是不停地在犯错误。当父母不容易，我们共勉！

问：你每天在做例行发愿、体操、感恩的时候，是真心诚意的，还是应付公事？

给亲爱的你：

　　我自己有时也会有这种感觉，因为赶时间，也会例行公事般依样画葫芦地做，可是心不在那里，自己都不知道自己在想或是说什么。你有没有真心相信你的愿望会成真呢？你看得见、感觉得到吗？（视觉化可以增强你的发愿力度）如果你有"书上说这样做，我就做吧，至少我每天对自己交代得过去"的想法，那么效果一定会打折扣。因为，你认真地祈祷，宇宙就认真地听，你随意祈祷，它也随意听。

问：进行心想事成30天实践计划，我的能量和注意力应该聚焦在"想要"的事物上，还是事成之后的状态上？

给亲爱的你：

　　你要求的东西，是否是一种实质的物品或事件（升职、加薪、配偶的爱），而不是"最终你想要的状态"？

遇见心想事成的自己

（喜悦的生活、轻松地过日子……）我们心里所思所想，我们的能量，应该聚焦在你梦想句的后面那一句——你想得到的最终内在状态。如果关注的是自己缺少、匮乏的东西，而不是得到之后的满足、喜悦，那么你的振动频率就无法吸引你想要的来到你的生命当中。我说过，我们不要为难宇宙，所以发愿的时候，你要提到自己最终想要的状态。宇宙知道什么对你是最好的，如果你就是要某个特定的东西，或者就是要嫁给某个人，宇宙可能未必会满足你。

心灵问答10

问：在运用"心想事成法则"时，我们想要的生活情境往往与现在的生活情境相冲突，甚至是对立的。我们会因此而陷入两难的困局，按照"心想事成法则"，我们要经常想象自己想要的未来生活情境，而且越生动越有感受力越好。而"活在当下"要求我们向现实臣服，把宇宙的神性带到每一件当下所做的事情上。当然，我们可以向现实臣服，在做现在的工作时仍然全神贯注于当下，同时在其他空余时间充分运用"心想事成法则"，愉悦地畅想自己想要的生活情境。但事实上，这仍然会造成意识的分裂和《新世界》作者所说的"把当下作为达成未来目标的一种手段"。

请问，如何化解这种"两难"？"心想事成法则"和"吸引力法则"与"放掉一切外在认同、回归真我和活在当下"之间在本质上究竟有什么关系？

给亲爱的你：

亲爱的，请你相信我，如果"心想事成"和"活在当下"你都做得很到位的话，你绝对不会觉得它们之间是有冲突的。以我为例，我对自己现在的生活非常满意，没有把当下当成达到目标的手段（别忘了，我是从抑郁症和极端不快乐的生活中走到今天的）。但我此刻心中是有一个愿景，我希望将来主持一个像《欧普拉脱口秀》那样的谈话类节目，把灵性的理念更大众化地传播出去，达成我"提升人类意识"的承诺和使命。我有时也"看见"自己在摄影棚中主持这个节目的画面，想到更多的人会因为这样的节目而受惠，开始用不同的眼光来看这个世界，我自己都会喜滋滋的（但不是与这件事认同，也就是说，我不是从这件事当中汲取我的自我感，因为我已经知道自己真正是谁了）。但我还是活在当下，享受眼前的事物。

《新世界》的作者表达的生活态度是：如果你不喜欢某种情境的话，可以离开。不能离开的话，就要接纳。如果你不能快乐地活在眼前的每一刻，那我保证生活中仍然会有别的事情让你不快乐，可能是你的工作，可能是你的配偶。其实，所谓的"心想事成法则"，无非是想要人真心相信自己的梦想会成真。就像我相信我的电视构想总有一天会成真一样，我一点也不着急。你相信什么，什么就会成真。但是一般人很难这样一步到位，所以要练习法则。在练习法则的时候，你当然也可以活在当下地去认真练习，只要抽出一点时间，告诉自己：此刻我要观想，我梦想成真啦。

　　还是那句老话，亲爱的，如果你两者都做到位的话，就不会有这种疑问了。"小我"的头脑喜欢这样玩弄我们，好让我们两面都不是人，都做不好。放下怀疑，好好修炼最为重要，祝福你哦！

心灵问答 11

问：我觉得如果有信仰，自己有了坏念头或者做了坏事，就会不停地担心会不会受到上帝的惩罚。现在如果我一有坏念头就会想"我这么想会不会受到神的惩罚"，这种状态是否正常？

给亲爱的你：

　　我的信仰是，宇宙是友善的，命运是不可以捉摸的，但是我对生命中的人、事、物的反应方式是我自己可以决定的。谁会惩罚你？什么是坏事，什么是好事，谁来定夺？作为一个人，我们为什么要把自己的行为交给其他的人审判？我也常常有坏念头，但是它们是我的吗？不是。它们只是来来去去的过客，如果我听信它们，顺从它们，真的做了伤害自己、伤害别人的事，我一定会受到惩罚——受到自己良心的谴责。没有一个外在的力量在那里审判你，亲爱的。做一个有尊严的人吧，起点就是去为自己的所有行为负责，为所有发生在自己身上的人、事、物负起责任来。

心灵问答 12

问：很多人说我说话不婉转，太直、太死板。其实，我说话时根本就没多想，也意识不到自己的某些话会伤到谁，可是就有人因此不舒服。我该怎么改变说话方式呢？

给亲爱的你：

有许多人被困在了性格所设计的笼子里了，所以这个世界也是一个充满性格的世界，在不同的性格之间发生一些摩擦是可能的，不需要为此去责备自己，但应该要做一些改变以适应你的生活环境。

人们常常会无意中掉进自己所属的性格里，所以才会造成这些问题。如果人与人之间相处有困难，那么大多是性格造成的，所以在不同的性格之间需要一些了解和尊重。说话太直太硬的确容易伤到对方的自尊，因为每个人都有一个不可侵犯的自我保护区，一旦触及了那个区，就会受到对方的反击或反感，同时也容易造成彼此间的恐惧感，所以在跟别人聊天时最好绕开那些敏感区，这样就不容易发生不愉快的事情。

建议你：

1. 说话慢一点，这样容易觉察到自己正在说什么，而这个觉察会调整你说话的尺度，以至于不会让你陷入尴尬中。

2. 多说让人愉快和正向的话，这样就不容易碰到对方的"禁区"，那么大家相处起来就会轻松许多，也不会有顾虑。

3. 尽量避免使用贬低、批评和教导的语气跟别人说话，那样会让对方感到不舒服。

总之，要知道自己正在说什么，那么改变就会自动发生。越放松去尝试，效果就越好。

问：我一直觉得生活没有乐趣，就算有很多朋友在一起，我
也会觉得寂寞，很多时候表面上很开心，可是心里一点
儿都不快乐。我时常都会觉得很累，不知道自己喜欢什
么，想要什么，可以做什么，有时候不喜欢自己，觉得
自己不幽默，而且也没有人格魅力，总觉得身边的人都
不喜欢自己。这种抑郁的心情也给我的家人带来负面影
响，可自己却又难于摆脱！我很彷徨，德芬老师，我怎
么做才能得到解脱呢？

给亲爱的你：

我看到这样的提问，总是会觉得无奈。我的书，我
的博客，每一篇文章几乎都是在教大家怎样走出负面思考
和负面情绪，可就是有人听不进去。所以，如果有读者因
为我的书改变了他们的人生，或是看待人生的观点，因而
对我感激涕零时，我总是告诉他们，你要感谢老天，因为
是老天让你准备好要接受新观念，接受改变的。否则，看
再多的书，上再多的课，也还是言者谆谆，听者藐藐。

不过，既然还是有人来问我，我就尽己之所能，再
试着帮助看看。

首先，情绪低落的时候，应该要做一些让自己高兴

的事情，总有让你稍微开心一点儿的事情吧？多去做，多动！如果你能跑完三千米，还感觉低沉、抑郁的话，你就是相当不一般了！所以，抑郁的人，应该多出去走走，一定要让身体动起来。

但是，当你独处和夜深人静的时候，一定又会觉得人生无趣，情绪低落。这个时候，就请你去检视一下自己的思想。你到底在想什么？你一定要能够看见自己的思想，并且要检视它的真实性。如何检视呢？把你的思想写下来，然后自己好好儿看一看它们。

让我们有负面情绪的思想不外乎：

1.我需要XXX

我需要有份工作；我需要他爱我；我需要这件事情这样发生……

真的吗？你真的需要这个吗？没有它你会怎么样呢？为什么让"我需要XXX"的思想左右你的情绪，让你不快乐呢？谁没谁不能活？谁没有什么不能活？它不过是个思想罢了，你相信它，你就受苦，你不相信它，就可以海阔天空。

当你说"需要"现在没有的东西时，你永远在焦虑中。你不需要任何东西。当你拥有它的时候，你才需要它。如果失去了它，你也就不需要它了。做事实真相的情人，就是这样。你可以"向往"一些东西或事情，但是你不"需要"它们。

2.我应该XXX，别人应该XXX或不应该XXX

这是真的吗？为什么你应该XXX？为什么他应该XXX？你是神吗？你评判事情的标准就是真理吗？大家就应该奉行如仪吗？为什么你的父母应该谅解你？他们不应该，因为他们没有谅解你。他们没有谅解你的原因是他们不能。为什么你的爱人不能离你而去？为什么他要遵守诺言？你凭什么要求别人按照"你的"游戏规则过"他们的"人生？

举个简单的例子，前面我说我看到读者来问自己情绪低落怎么办的时候，会觉得无奈。为什么我会觉得无奈？因为我心里有个"既定的议程"：他们不应该看了我的书或是读了我的文章还有这样的问题。一把这个思想检视出来以后就很可笑了，也看到自己的狂妄。

这时候，我们看见，天底下其实只有三种事，我的事、他的事和老天的事。我们太多的时候在管别人的事和老天的事，并且与之抗衡，自己家里却没有人照管，难怪我们觉得孤独、疏离，因为根本没有人在家啊！人家情绪低落是他的选择，我能做的就是尽量去帮助他们，提供资讯，并且为他们献上爱和祝福。我把自己的事做好就好了，管不了别人的。

就这样，情绪一低落，就去觉察自己在想什么。把那个思想揪出来，放在阳光下好好检视一番。看到它不过是一个思想，就像风、空气一样，来来去去，我们无法阻挡，但是你不必去听从它。另外，一定要采取一些行动，像呼吸法、瑜珈、运动、和好朋友聚聚，让自己的情绪能从谷底往上攀升。

祝福每个在负面情绪中挣扎的灵魂。祈祷上天让你们看见，不过就是一个选择，你可以选择在天堂，也可以选择留在地狱。选择在你。

**问：最近有一种厌世的感觉，特别不愿意去工作，也不愿意
跟人交流。每天早晨醒来一想到工作，就又想昏昏睡
去。有时甚至想离开这里，到一个没有人烟的地方去生
活。但是，又觉得那不现实，我该怎么办？**

给亲爱的你：

物质世界的生活方式就是不断地重复，所以很容易让
人产生无聊和厌倦感，也容易造成内心的匮乏而失去信心。
不过这也在提醒你，除了物质世界，你还有一个更广的内心
世界，那里才是你生命真正要去体验的地方。如果你不尝试
去打开那道门，那么要想脱困是很难的。所以你目前低迷的
状态并非是坏事，它此时出现只是说明——你改变的时机到
了。你需要从另一个方向去寻找新的自己，把目光转向自己
的内在，去重新认识自己，那你将会不同。

建议你先让自己安静一段时间，但不要去指责或逃
避你的问题，那样会延长问题的寿命。再说，你厌烦什
么，就会反复体验什么。让问题存在，你只是安静地跟自
己在一起就可以了。这个安静的状态就是你内心世界的中
心，它会自动转化你的情绪，并让你重拾信心。

随着你心量的不断扩大，你就能轻松地包容或超越

问题。问题很少会去纠缠一个心情开朗的人，它只对心情低迷的人感兴趣。因此在了解了这些状况之后，那些不好的状态都会自动消除。

另外，建议你多锻炼或是多做一些需要体力而不是脑力的活动。此方法说，你去田里干一天的农活，再看看自己会不会低落。

心灵问答 15 | 问：我每天不开心的时候就写：我看见我有愤怒和不被爱的感觉，我接纳这种感觉并放下对它的需要。但可能是脑子里面杂念太多，放下笔，我又开始觉得很愤怒很难过，不知道先生为什么这么自私，要这样对待我，是否我不够专注或者太主观了呢？我是九型人格的四号人格，是不是注定是无法摆脱悲哀呢？

给亲爱的你：

亲爱的，你又在为自己贴标签了。"四号人格，就是这样，我无法摆脱悲哀"，请你看见，这是你的选择。你写"我接纳这种感觉"的时候，是真心诚意的吗？在做这个练习之前，你先要把自己"愤怒和不被爱"的原因放在自己身上。你的愤怒不是你老公造成的，你的不被爱感觉不是他给你的，这些全都源于你自身。你要看见这点，

遇见心想事成的自己

做这样的练习才有用。

最近我也碰到一些朋友对待我不公或不好的事情，可是我学会了不把他们的作为看成是"冲着我来的"。他们就是这样的人，对谁都一样。也许对他老板、热恋中的人，他们不会这样，但这种做法，也正是他们性格中的一部分。你老公的自私，也不是针对你的，他就是这样的人。如果他现在爱上一个年轻貌美的女子，也许会改变三个月。等一段时间之后，那个女人成为他老婆以后，他的本性就又毕露无疑。

不过，还有另外一种可能性。告诉你一个秘密，我的前夫有三个老婆（当然是先后娶的），他对他的第一任老婆非常好，会在家里为她带孩子、烧饭。轮到我的时候，他却变成一个大男人，整天在牌桌上不下来，对我真的很不好。结果，他跟我离婚后再婚。十多年前，我和他以及他再婚的老婆见面时，忍不住数落他当年对我有多坏，结果人家瞪大了眼睛说："现在都是我这样对他！"

每个人都是多面体，碰到什么样的人他就展现出什么样的一面。我们的责任就是：把人家最好的那一面带出来，而不是埋怨为什么对方这样对待我。因为有的时候，他对别人真的是不一样的。而且，无论他的行为是什么，我们内在一定有一个相应的伤口被触动了，才会如此耿耿于怀。

我被朋友"得罪"了以后，就深深体会到这点。事情都过去了，我没有实质性的损失，但心里还是老不痛快，老想着人家怎样怎样不好、不对。这个时候，我就知道，是我自己的问题，我就尽量收回对他们的投射，把焦点放在自己不舒服的情绪或是身体上，去全然地经历，然后知道：我此刻的感受跟他们毫无关系。我为我此刻的内在感受负责，我愿意接纳它。也许我还是有些许的委屈、愤怒、不舒服，但是我知道，这才是真正迈向解脱的道路！

心灵问答 16 | **问：你是否真的做到了"放手"和"臣服"，让宇宙去发挥它的力量？**

给亲爱的你：

　　我一直觉得，恩典随处都在，随时都准备好了要来帮助我们，但是我们一直忙着抓取、防卫，所以恩典无法流入。有的时候，我们表面上发愿祈求，可是内在有很多的焦虑和坚持，这些负面能量肯定会阻碍宇宙的能量流向你。紧握双手，你无法接受，只有松开手掌，你想要的东西才会悄然来临。

　　另外，你是否理解，有些事情是需要一段时间去酝酿的，像是寻求终生伴侣这件事情，如果你认真发愿了一个月，理想的伴侣还是没出现，你是否可以相信宇宙已经拿了你的"订单"，然后在最适当的时机成就你的愿望？

　　我们的人生模式都不是一朝一夕形成的，但是它对我们的影响却如此之深，所以，有时候短短30天的努力，也许对一个顽固的人生模式而言，是不够的。或许，当你做完30天之后，可以静待宇宙的答复，真心体验"放下"、"放手"的感觉，然后看看宇宙会带给你什么样的惊喜。

心灵问答17 | 问：既然即使不能心想事成也可以得到快乐，那我们为什么还刻意学习心想事成呢？如果学习的结果没有达到，是不是又会因失望而不快乐呢？

给亲爱的你：

　　你如果可以一步到位地得到快乐，当然不需要学习心想事成！不过我们来到这个世界上是来活出一部分宇宙意识、尽情展现我们自己的，所以对我们生命如何展开有一个"意图"，会是好的。但是生命是舞者，我们是舞步，因此，如果太执著于结果，当然导致失望。有时候我们觉得好的事情，在宇宙宏观的角度来看未必是最好的。所以一定要臣服。

心灵
问答 **18**　问：如果不能心想事成，还能快乐吗？如果没有幸福的家
　　　　　庭，一个人孤独地生活，能快乐吗？

给亲爱的你：

　　很多人没有心想事成，但也快乐；很多人一个人过生
活，但并不孤独，而且也很快乐。快乐不能有条件，尤其
不能依赖外在的人、事、物，否则无常就会出现，带走你
的快乐。

心灵
问答 **19**　问：我花了几个月时间来进行"心想事成30天实践计划"，
　　　　　目前生活还没有改变的迹象，是否还要加强些什么，或
　　　　　是重头再来一次？

给亲爱的你：

　　"心想事成30天实践计划"是为了帮助大家建立一
些好习惯，比如感恩，以便随时观察自己的负面模式，并
发愿、祈求。如果你真的做到位了，生活不可能没有改

变。建议你仔细想想自己是否真的心悦诚服地在做，而不是表面上的发愿。另外，不是做完以后你就能马上得到你想要的东西（当然有些人是可以的），因为有些东西的到来是需要时间的。

心灵
问答20 问：如果我们真正地做到臣服，不管在这个显化的世界遇到
什么事，都是"礼物"，都是我们的功课的话，那我们
为什么还要"心想事成"呢？

给亲爱的你：

心想事成是与宇宙"共同创造"我们的生命和生活，我们的意图非常重要，但是过程中还是可以臣服的。我喜欢举的例子是：一个开悟的人走到水果摊买水果，他不会闭眼乱选，而是选他爱吃的桃。但是如果没有桃的时候，他也会心平气和地买苹果。然而因为爱吃桃，他会要求卖水果的人明天进一些桃来卖。如果对方拒绝他，那也无所谓，因为他可以去另外一个水果摊买水果。如果你能悟出这个故事的真谛，那么你的问题也就有答案了。

参考资料

本书的情节，灵感主要来自于一个印度神话故事，而第一部"学习心想事成的秘密"当中，则参考了几本好书：

《秘密》朗达·拜恩，台湾方智出版社，中国城市出版社
《吸引力法则》麦可·J.罗西尔，台湾方智出版社，东方出版社
《把好运吸过来》琳·葛雷朋，台湾方智出版社
《心想事成的九大心灵法则》韦恩·戴尔，台湾世贸出版社
《财富：百万富翁的致富哲学》华莱士，陕西师范大学出版社（《百年致富经典》，台湾方智出版社）
《有钱人和你想的不一样》哈维·艾克，中国社会科学出版社，大块文化

第二部"秘密后的秘密"当中，有些方法是参考《有钱人和你想的不一样》作者哈维·艾克教授的"百万富翁脑袋密集训练课程"（Millionaire Mind Intensive）当中的一些授课内容。另外，我想推荐几本在情绪、模式疗愈方面非常棒的书：

《全然接受这样的我》塔拉·布莱克，台湾橡树林出版社

《改变，从心开始：学会情绪平衡的方法》马丁纳，云南人民出版社
《拥抱你的内在小孩》克里希那南达，阿曼娜，漓江出版社
《破碎重生》台湾方智出版社
《灵性炼金术》台湾方智出版社

　　此外，我觉得《无量之网》（橡实文化出版社，华夏出版社）是以科学的方式把心想事成的秘密说得最清楚的一本书。

　　然而，最终我还是觉得，就像我扉页手写的话，如果你能完全臣服——老天给的就是你要的，你就是和宇宙同频共振，那么，真正的心想事成就是你每日的生活方式了。祝福大家！

图书在版编目（CIP）数据

遇见心想事成的自己 / 张德芬著. —— 长沙：湖南文艺出版社，2012.6
ISBN 978-7-5404-5558-3

Ⅰ. ①遇… Ⅱ. ①张… Ⅲ. ①人生哲学－通俗读物 Ⅳ. ①B821-49

中国版本图书馆CIP数据核字(2012)第078671号

上架建议：心灵成长·励志

遇见心想事成的自己

著　　者：张德芬
插　　画：范　薇
摄　　影：视觉共振
出 版 人：刘清华
责任编辑：丁丽丹　　刘诗哲
监　　制：刘　丹
特约编辑：王　蕾
营销编辑：刘智慧　　张延硕　　周明子
封面设计：李　洁
出版发行：湖南文艺出版社
　　　　　（长沙市雨花区东二环一段508号 邮编：410014）
网　　址：www.hnwy.net
印　　刷：北京缤索印刷有限公司
开　　本：880mm×1270mm 1 / 32
字　　数：145千字
印　　张：7.5
版　　次：2012年6月第1版
印　　次：2013年9月第17次印刷
书　　号：ISBN 978-7-5404-5558-3
定　　价：33.00元
（若有质量问题，请致电质量监督电话：010-84409925）